U1003329

孩子，你不努力，没有人能给你想要的生活

潘丽杰◎著

孩子，学习是场独自启程的修行
你可以停下脚步
但是时间不会因此静止
行到水穷处
坐看风云起
希望这本书能点亮你的思绪
陪伴你走出学习的困境

航空工业出版社
北京

内容提要

孩子，现在父母能给你的只是一个起点，它并不是你生活的终点。未来想过什么样的生活，唯有靠你自己去拼搏、奋斗。但不管你未来的生活是什么样子，眼下的点滴努力都会变成助你前行的垫脚石。本书是一本青少年励志书，也是父母送给孩子的“加油站”。书中剖析了孩子在梦想、坚持、拼搏、时间、情绪、挫折等方面的迷惘，解答了孩子在成长道路上遇到的诸多烦恼，站在他们的角度去思考问题，从而让孩子拥有一颗强大的内心，完善更好的自己，过上向往的生活。

图书在版编目（CIP）数据

孩子你不努力，没有人能给你想要的生活 / 潘丽杰著. -- 北京 : 航空工业出版社, 2023.5（2024.1重印）
ISBN 978-7-5165-3333-8

Ⅰ.①孩… Ⅱ.①潘… Ⅲ.①成功心理—青少年读物 Ⅳ.① B848.4-49

中国国家版本馆 CIP 数据核字（2023）第 059120 号

孩子你不努力，没有人能给你想要的生活
Haizi Nibunuli，Meiyouren Nenggeini Xiangyao de Shenghuo

航空工业出版社出版发行
（北京市朝阳区京顺路 5 号曙光大厦 C 座四层 100028）
发行部电话：010-85672688 010-85672689

三河市双升印务有限公司印刷　　全国各地新华书店经售
2023年5月第1版　　2024年1月第2次印刷
开本：710×1000 1/16　　字数：140千字
印张：11　　定价：39.80 元

所有的成功都源于持续不断的努力

长期以来，我们一直强调兴趣的重要性。

现实生活中，家长越来越注重对孩子兴趣的培养。自孩子出生起，家长就开始谋划让孩子学钢琴、学美术、学英语、学舞蹈、学曲艺、学跆拳道……

几年之后，回过头看，大多数的家长与孩子都放弃了。

这是为什么呢？

许多家长的回答是：孩子没兴趣，坚持不下去；孩子的作业太多了，没时间学；等等。

孩子呢？刚开始感觉很新鲜，什么都想学一学，结果真正学了后才发现并不是自己想象的那样，所以学着学着就放弃了。

当然，也有许多家长和孩子还在努力地坚持着。十年，二十年……再回过头看，那些坚持下来的孩子，虽然没有把这些兴趣当成职业，没有成名成家，但专业水准绝对高于那些只学了两三年就放弃的孩子。

这就是坚持的魅力，也是刻苦练习的结果。

道理很简单，几乎每个家长与孩子都懂，但关键是怎样才能坚持到底，怎样才能让孩子刻苦练习呢？成功到底有没有捷径？

答案是“没有”。

美国科罗拉多大学物理系研究员、《万万没想到：用理工科思维理解世界》的作者万维钢曾说：“请告诉孩子，天才来自刻苦学习，苦练中没有寓教于乐这个概念。”

许多人都认为郎朗是钢琴表演的天才。可是，如果你读一读他的传记，或许你会想：如果我的孩子从小也像郎朗那样苦练的话，说不定就是第二个“郎朗”。当你读到郎朗苦练的情节时，或许你心中会充满质疑：我能让孩子受这么多的苦吗？

《伤仲永》的启示言犹在耳，再天才的孩子，如果缺乏正确的引导及刻苦的练习，也有可能泯然众人。

美国著名作家马尔科姆·格拉德威尔的《异类：不一样的成功启示录》里有一个流行的观点，即“一万小时定律”。他认为，无论做什么事情，不经过一万小时的努力，都是无法臻于完美的。

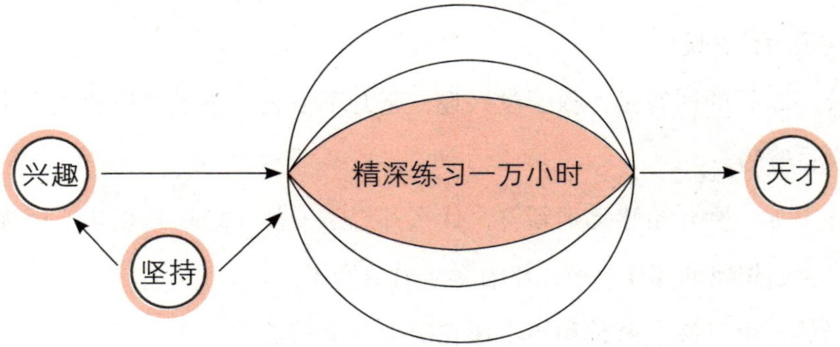

▲ 一万小时定律

除了“一万小时定律”，马尔科姆·格拉德威尔还提出了另一个观点：“所有的顶级高手都是练出来的。”只要训练方法得当，任何人都可以被训练成某一领域的高手。

影片《摔跤吧！爸爸》中，主人公曾是摔跤冠军，但因生活所迫他不得不放弃摔跤，所以他特别希望儿子能帮他完成梦想——赢得世界级比赛的金牌。可是天不遂人愿，他的妻子接连生了四个女儿。看不到希望的他在妻子的劝说下，开始按照摔跤手的标准来训练两个女儿：换掉裙子，剪掉长发，每天练习摔跤，最终她们赢得了冠军。

事实证明，很多人通过有效的训练是可以成为大师或高手的，只不过需要持续不断的努力。如果你每天练习三小时，那么达到一万小时需要九年多，而这只不过是达到世界级水平的基本要求。而且，对音乐、绘画而言，训练的时间需要更久，二十年、三十年，甚至更长。

读到这里，我们的家长与孩子会有怎样的反应呢？

在此我总结了几点，也是我在本书中主要讲的几个方面，希望这个简短的导读能给家长和孩子们带来一定的帮助与启发。

1. 如果说兴趣是“蓝海”，那么要实现梦想就得在“红海”中搏击

我们的课外教育一直在强调兴趣爱好，并以此吸引广大家长和孩子投身其中。从某种意义上说，孩子对某学科感兴趣固然是好的，这样他们学起来就不会感到枯燥无味。可是，任何学科都是非常严谨的，要真正学到位，往往越学越难。

复旦大学的钱文忠教授曾说：“凭什么教育是快乐的？”他表示，许多父母在教育上总喜欢对孩子让步，可教育中肯定会存在痛苦的成分。比起不断地以爱的名义对孩子让步，不如在孩子面露难色时表明坚定的立场。

我一直认为，兴趣不过是起航时的“蓝海”，要真正地学有所成，到达理想的彼岸，就得敢于在“红海”中搏击。

2. 不要躺在舒适区中自鸣得意，而要变换场地不断进取

美国著名作家安德斯·艾利克森在《刻意练习》一书中将人对知识和技能的认识分为三个维度：第一个维度是舒适区，即知识、技能已被熟练掌握

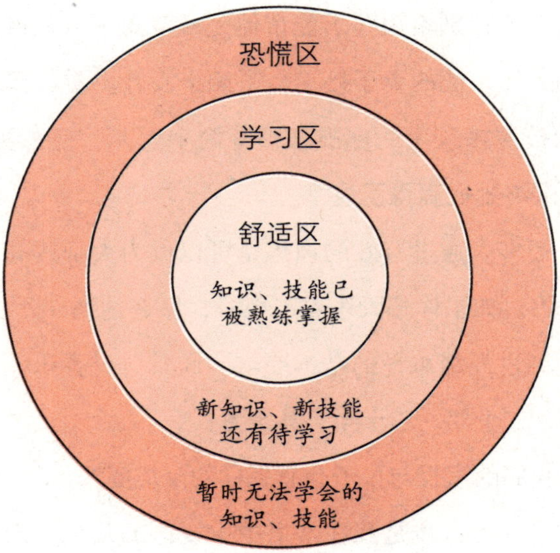

▲ 知识与技能的三个认识维度

的区域；第二个维度是学习区，即新知识、新技能还有待学习的区域；第三个维度是恐慌区，在该区域有着暂时无法学会的知识、技能。

在第一个维度里，我们的压力最小，也最得心应手。这好比我们在 KTV 唱歌一样，总喜欢挑选自己最熟悉的曲目，很少有人会选择自己从来没有唱过的歌。这是因为你唱一首熟悉的歌，不需要重新掌握它的旋律，而唱一首你不熟悉的歌，要想唱好，是需要重新学习的。

人，都有惰性。一旦发现躺在舒适区中就能获得想要的生活，就能获得不错的回报，便很少有人愿意变换场地，进入新的学习区去获取新知识、新技能。

3. 不要逃避竞争，这个世界上的竞争无处不在

现在有许多家长，为了减轻孩子在国内参加高考的压力，纷纷将孩子送到国外去留学。可是，千万不要以为去了国外孩子就轻松了，就不用饱受高考的“煎熬”了。

我曾经看过赴美多年的唐兰兰女士写的《素养决定孩子的格局》一书。她在《中国高考不好考，美国高考就容易吗》一文中这样写道："有人曾测算过，美国高中生一年要背112磅的课本，约等于104斤……"学习从来就是一件辛苦的事情。无论在哪个国度，竞争都无处不在，没有哪个学生可以不通过艰苦的努力就换来好的成绩。

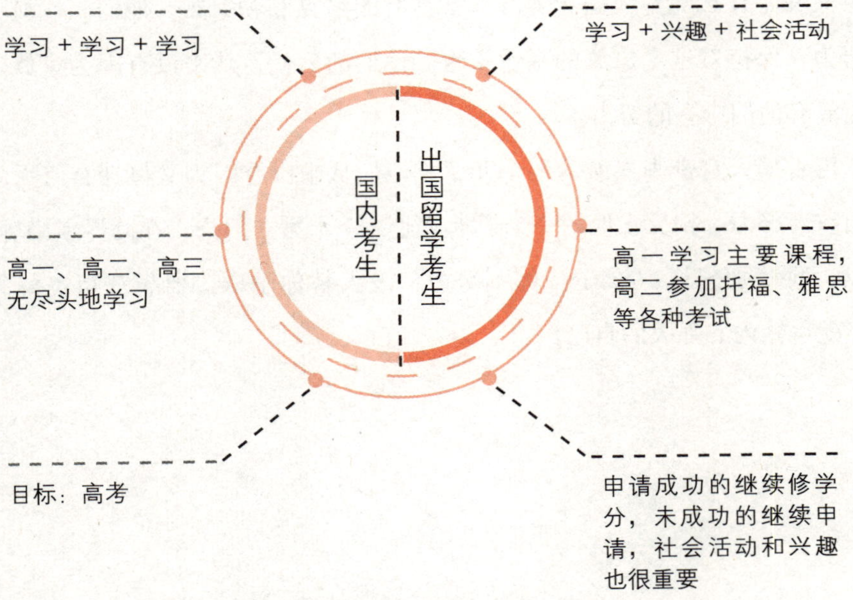

▲ 国内考生与出国留学考生对比

4. 要想过上美好的生活，就得努力争取

我一直不喜欢以出生年代的不同给孩子贴上不同的标签，如80后、90后、00后等。但不可否认的是，随着经济的发展，出生年代晚的孩子比出生年代早的孩子家庭条件普遍要优越一些，这是时代不同所决定的。

曾有朋友和我诉苦：现在大学毕业的孩子，家里给的零花钱比公司发的工资还多。在工作中稍有不顺，或受了几句批评，立马辞职走人，因为他们没有生存的压力。

我认为，无论你的家庭条件有多么优越，父母的钱永远是父母辛苦挣来的。如果你想躺在父母的功劳簿上享受一时的安逸，那么你未来的路可能会很艰辛。的确，你当下不用努力也可以过得很好，但谁能保证你失去父母的支持后还能过得很好呢？

即便父母的财富、地位能让你一辈子都不用发愁，那你活在这个世界上的意义又是什么呢？我们看美国非常富有的洛克菲勒家族，他们一代又一代地努力，保持着这个家族的基业长青。他们的后代，从来没有因为家族的富有而放弃他们应有的努力。

再看华人富豪李嘉诚的两个儿子，他们从来没有因为父母拥有巨大的财富而放弃努力。相反，他们一个子承父业，一个另立门户，在商界纵横驰骋。所以，我特别想说："孩子，你不努力，没人替你争取，要想获得美好的生活，就得做内心强大的自己！"

目录

第三章

不怕千万人阻挡，只怕你不够坚持

第四章

只有拼出来的优秀，没有等出来的辉煌

第五章

你可以停下脚步，但时间不会止步

第六章

世界很复杂，内心要强大

第七章

感谢“折磨”你的人

第一章

未来的人生，取决于你的努力

学习是为了自己，努力不是要活成谁。

未来过什么样的生活，取决于你现在付出多大的努力。

现在流的汗和泪，不是为了做给谁看，

也不是为了感动谁，而是要让自己随时有能力

跳出原来的圈子，并拥有选择的权利。

没有伞的孩子，必须努力奔跑

孩子，努力奔跑是一种积极进取的人生姿态。生活中无论遇到什么事，只要你敢于迎难而上，就会事半功倍。

下雨天，如果你没有伞，那就努力奔跑吧！

01

不知你有没有看过《极限挑战》这档节目，其中高考前那期，也就是第四季第二期，一直停留在我的脑海中，给了我不一样的感触。

那一期，节目组来到上海市崇明中学，为即将参加高考的学子加油鼓劲儿。当时，节目组邀请了 100 名同学，让他们参加一场特殊的比赛。

比赛规则是这样的：100 名同学站在同一条起跑线上，回答 6 个问题。在回答每一个问题时，如果是肯定回答，便向前走 6 步。就这样，他们的起点开始发生改变。然后，他们都朝着同一终点起跑。通过回答问题，一些同学拥有了比别人更靠近终点的优势。

问题是这样的：

1. 父母是否都接受过大学以上的教育？

2. 父母是否为你请过一对一家教？

3. 父母是否让你持续学习功课外的一门特长课程且目前还保持一定水准？

4. 你是否有过一次出国旅行的经历？

5. 父母是否承诺过送你出国留学？

6. 父母是否一直视你为骄傲，并在亲友面前炫耀你？

这些问题很直接也很现实，或许比现实还要残酷。那些一步步朝前迈步的同学底气十足，而那些留在原地的同学，望着别人的背影，内心有些失落。

人生就是这样，处处有比较。现在每个孩子的起点，是父母努力创造的优势。在没有到达终点前，谁都不能预知未来。正如著名演员黄渤所说："你们之所以站在这条线上，和你们自己的努力并没有多大关系。如果现在开始起跑的话，站在前面的同学可能领先许多，但是在抵达终点之前，并不意味着后面的同学不能超越你！"

起点对于人生固然重要，但中间的努力更重要。父母能为你做的也只有这么多，余生全靠你自己把握。不管你的先天条件如何，你的人生道路最后还是取决于你自己的努力。

节目最后，黄磊老师说的那段话最令人动容：

> 凡是赢在起跑线上的都是短跑，人生一定不是场百米赛，一定是场马拉松，是个长跑。这世界上从来没有一个马拉松是在起跑线上赢的。前面那六步，在漫长的人生路上，其实就是最小最小的一毫米。

是呀，当起点重新被定义，我们只有带着父母的期盼努力奔跑，才能尽早到达终点。

02

人生是场马拉松，既要拼激情，又要拼耐力。我们不能因一时的领先就沾沾自喜，更不能因一时的落后就自卑退缩。如果你不努力，就算最初领先，最后也会被远远地甩在后面。

我们常说，人人平等，但有些人一生下来就比较幸运，起点高于别人，更让人“嫉妒”的是他们还很努力。孩子，如果你的家庭条件不如别人家优越，你的起点没有别人高，请不要怨恨父母不够努力，也不要恼父母为什么不能让你站得高一点儿。因为自己的人生得靠自己努力，就像演员孙红雷说的，“人生路何其漫长，会遇到何其多的困难，难道就被一扇门挡住了？不！当你拼尽全力推开它，你才会发现路更宽广、更明亮”。

当我们有父母的庇护时，我们是幸运的；当我们没有父母的庇护时，也不要抱怨自己不幸。要知道，幸运的人都是相似的，不幸的人各有各的不幸。当下的路，只不过是我们正准备奔跑的起点，不是人生的终点。在没有到达终点前，谁都可以去努力争取。无论你的起点在哪儿，只要咬紧牙关努力奔跑，终会到达终点。

没有伞的孩子，不应站在原地等着被雨水淋湿，而是要更加努力地奔跑。

所有的努力，都会在将来回报你

《风雨哈佛路》中有句台词让我记忆犹新，至今难忘："没有人可以和生活讨价还价，所以只要活着，就一定要努力。"

人生中每个阶段的努力，都是一种沉淀，都是为了在不久的将来，可以迸发出巨大的力量。

01

网上曾流传过外卖小哥雷海为的故事。

雷海为曾是杭州的一名外卖员。在工作中，他边送外卖边背诵古诗词，最终厚积薄发，成为第三季《中国诗词大会》中的黑马，直奔总决赛，战胜了来自北京大学的文学硕士彭敏，夺得冠军。

央视著名主持人董卿这样称赞他："你在读书上花的任何时间，都会在某一时刻给你回报……我觉得你所有在日晒雨淋、在风吹雨打当中的奔波和辛苦，你所有偷偷地躲在书店里背下的诗句，在这一刻都绽放出了格外夺目的光彩。"

雷海为用十几年的坚持告诉我们：所有的努力都不会白费，它们隐藏在时间里，终会在某一刻回报你。

或许你会说，全国那么多外卖小哥，他们都在努力地送外卖，雷海为只是一个个例，并不能代表所有的外卖小哥。但你要知道，其他人也都在努力奋斗。他们每送一单，收入就会增加一点儿，家庭负担就会减轻一些。我们不能说他们是成功人士，但也不能说他们一定不会成功。

每一个成功的人，都与普通人一样，困顿、迷茫过，但与普通人不一样的是，他们每次都坚强地站起来，努力行走在实现梦想的道路上。

我至今还记得我大学导师的一句话：只有在喧嚣的时候保持安静，在孤独的时候积蓄能量的人，才能在某一时刻爆发和绽放。

湖南卫视著名主持人何炅曾说："每个人都是通过自己的努力去决定自己生活的样子。"想要得到就要学会付出，还要学会坚持。如果你真觉得很难，那就放弃，但如果你放弃了就不要抱怨。人生就是这样，世界是平衡的。

所以，从现在开始，你需要做的就是不断地努力。

02

我曾认识一位朋友，他是一名网络主播，人气很旺。很多粉丝都被他的歌声迷倒，所以他的直播间每晚都爆满。大家对他的评价是：他的声音让人"如沐春风"。

在一次聚会上，有个朋友特别羡慕他，开玩笑说："老天对你太好了，给了你一副好嗓子，对着麦克风唱唱歌就能赚很多钱，还被人当成偶像，真是太幸福了！"听到别人如此夸奖，他并没有回话，而是沉默不语。

我们熟识后，他在一次聊天中给我发了一张截图，那是他录的上千段音频。他说这是从他第一次翻唱直到现在直播的所有录音。

正是通过这次聊天儿，我真正了解了他，明白了光鲜靓丽的外表之下，总有我们看不到的努力和付出。

他说，从中学时代开始，每天午饭时间，学校的广播站里都会传来小主播朗诵文章的声音，偶尔还会夹杂着歌声。那时，他的心中便埋下了成为一名歌唱家的种子。即使成不了歌唱家，做一名主播也可以。

但由于那时他学习成绩太差，还说着一口家乡话，所以连成为学校广播站的小主播都成了遥不可及的梦。同桌问他，高考后想报哪所学校，他说想报中国传媒大学。直到现在，他仍忘不了当时同桌捧腹大笑的场景。

正是因为被人嘲笑，他才有了拼命实现梦想的动力。他坚持苦练普通话，终于当上了学校广播站的小主播。虽然他负责广播的内容是“谁的钥匙丢了”“谁的钱包丢了”等一些鸡毛蒜皮的小事，但他还是很开心。

后来，他如愿考上了中国传媒大学。上大学那几年，他勤奋练声并保留着每一次的录音。正是他所有的努力，才让他取得了现在的成就。他说：“如果一分天赋都没有，那么就用一百分的努力来弥补。”

03

我曾在一个电台节目中听到这样一段话，在此用来形容真正有梦想的人再合适不过了：

> 有梦想的人一定不会在夜里哭泣，因为与其把时间留给伤心、难过和抱怨，不如重新振作，继续发奋努力。而生活与梦想，该回报给你的，总会给你。这一切，只不过是时间的问题。

每个人对未来都有憧憬，但你永远不知道未来的你会是什么样子。让我们在每段生命时光里做最好的自己，努力付出，默默书写自己的未来。

不要以为现在的付出都是无用的，要相信在不久的将来，幸运会降临到你头上。那些你用汗水浇灌的花，将在某一刻回报给你馥郁的芳香。

努力过就会看到奇迹。

你不努力，没人替你成长

时间既是无限的，也是有限的，你花费多少时间和精力去努力，就能从中得到相应的回报。你不努力，没有人替你成长。

01

女儿放学回家告诉我，跟她一起参加英语竞赛的同学被淘汰了。我边忙边说：“那挺可惜的，我记得那位同学英语基础特别好。”

女儿说：“是呀，他仗着自己基础好，每次上课都坐在教室最后一排开小差。有一次老师问他为什么不认真听课，他竟自豪地说他英语基础还行。老师接着说，英语基础好，不代表在英语竞赛中就能取得好成绩。他没有说话，上课的时候开始认真听讲，但依旧不做练习题。”

因此，那位同学被淘汰也就在情理之中了。

我告诉女儿：“不要因为自己取得了一点儿成绩就沾沾自喜，也不要因为自己的起点比别人高就引以为豪。优秀的人绝对不会放过任何一个让自己变得更优秀的机会。”

在这个“以快取胜”的时代，没有人希望自己是落后的那个。既然如此，我们就要快马加鞭。在竞争的道路上，若是稍慢一点点，在我们身后的人就会立马追赶上来，把我们无情地甩在身后。

努力的人，运气都不会太差。当你去为自己想得到的东西、想获得的人生去努力时，你会发现自己越来越轻松，你也会越来越享受这个过程。

02

在出版单位上班时，我结识了一位朋友。他是个文艺范儿十足的理科生，不爱科学，热爱写作，立志要出一本畅销书。不过身边的朋友都不看好他，觉得一个理科生很难搞文学创作，还说他没有天赋，写作只不过是空想而已。

他却觉得，越是不能实现的梦想，越有实现的价值。他并没有因为朋友嘲笑就放弃，而是每天下班后花两个小时看书，积累素材。

他坚持摘抄，不知不觉便记了一大本。他抓住生活中琐碎的时间去搞创作，坚持练笔，一个月写了十多万字。

一年后，他的一篇文章被许多公众号转载，一时间成为朋友圈和微博上的“热文”，吸引了一大批粉丝。在实现文学梦的道路上，他迈出了一大步。

我曾问他，那一年坚持写作是一种什么样的感受。他笑着说：“这一年的沉淀对我来说意义非凡，我就像一个刚学会走路的孩子，起初免不了磕磕碰碰。但我很感谢这一年来的坚持，如果没有持之以恒的努力，或许就不会有今天的我。”

孩子，你的人生掌握在你手中。你不坚强，没人会怜悯你的脆弱；你不努力，没人会陪你停留在原地；你不珍惜时间，没人会和你一起浪费青春；你不努力，没人能替你成长。人生之路只能自己独挡风雨，朝着梦想不断努力。

03

不记得在哪里看到这样一句话：人生不是让你虚度的，你应该清楚地知道自己想要的生活是什么样的，未来的日子还很长。

你现在不努力，怎能变成想象中的那个自己？怎能过上自己理想中的生活？

每克服一个困难，你都在成长。某天，当你回首时，你会感谢当初拼命努力的自己。我们努力未必能追赶上别人，但停滞不前便永远无法遇见更好的自己。人生最痛苦的事不是失败，而是你本来可以，却不思进取。

现在，你唯有抓住机会，不断完善和提升自己，实现一次次华丽转身，才能成长为令自己钦佩的人。

奇迹只不过是对努力的另一种称呼

尼采说：“你要搞清楚自己人生的剧本——不是你父母的续集，不是你子女的前传，更不是你朋友的外篇。”对待理想不妨大胆一点儿、冒险一点儿，因为它最容易失去。如果这世界上真有奇迹，那也只不过是对努力的另一种称呼。

01

我女儿有段时间特别迷恋《超级演说家》这个节目，她觉得这里汇集了很多有趣的人，那些人的经历都值得她去学习。

《超级演说家》第二季总冠军刘媛媛，她以教育资源相对落后的农村为起点，一步步走进北京大学的校门，这一路艰辛可想而知。这份执着和努力令人钦佩。她在节目中说：“你要相信，命运给了你一个比别人低的起点，是希望你用一生去奋斗出一个绝地反击的故事。”

女儿就是被她这句话触动了。她很兴奋地告诉我，接下来的日子，她要早睡早起，努力学习，希望我可以监督她。

刚开始，她真是特别积极。每天6点准时起床，就算再困，她也会爬起来背单词、练听力。

可是两个星期后，我问她："早起的感觉怎样，还能坚持下来吗？"

她苦着脸答道："太累了，这才两个星期就累得不行了。你说刘媛媛是怎样做到每天坚持的呢？难道她不困吗？难道她是机器人，可以做到天天准时？妈妈，你知道吗？每当6点睁开眼睛，我感觉天花板都在转圈，它们好像在召唤我：再睡会儿吧，再睡会儿吧……你知道那种痛苦吗？"

我笑着说："当然知道呀！你想想，如果你也做出了与刘媛媛相同的努力，会得到什么样的结果呢？就像刘媛媛说的，人生只有一次，你有资格活成你想要的样子。害怕不成功而不敢做任何尝试，你连失败都不配拥有。"

女儿大概是明白了，接下来的几天都努力坚持着。

我们常听到这样一些消息：某某人奇迹般生还，某某人奇迹般成功，某某人奇迹般成为黑马。当你在羡慕别人时，也一定要意识到，他奇迹般生还，是努力同死神做了斗争；他奇迹般成功，是经历失败后仍努力坚持；他奇迹般成为黑马，是在背后不知奋斗了多少个日日夜夜。

这些看似是奇迹，其实只不过是努力的另一种表现。

02

奇迹与努力——奇迹是名词，努力是动词，简单来说，付出努力，才可能创造奇迹。

《快乐大本营》栏目的主持人谢娜，在成名前曾被人嘲笑普通话不标准。现在听她说着一口流利的普通话，谁又知道她曾不分昼夜地练习普通话？谁又知道她付出了多大努力，荣誉才降临在她身上？

阿里巴巴创始人马云曾3次参加高考。正是这3次高考，为他的生命旅程积累了宝贵的精神财富。这笔精神财富支撑着他不断努力，终于在中国互联网史上书写了一段奇迹。

当遇到不如意时，不要埋怨命运不公，因为命运的天平偶尔也会有倾斜。天平失去平衡时，不要悲伤，不要痛苦，不要一蹶不振，要通过自己的努力去调整它。你会发现，努力是唯一能掌控命运的砝码。

孩子，做任何事，不是因为先看到了希望才去坚持，而是要不断坚持才能看到希望。就像众人熟知的挖井的故事，要不断挖掘才会看到水，而不是先看到水再去挖掘。如果总是这里挖一下、那里挖一下，有数量没深度，那么永远都找不到源泉。

03

无努力，不青春。

每个人在成长的道路上，都曾热血沸腾。热血可以让我们奋起，但却不是让我们坚持下去的持续动力。

我们行走在努力奋进的道路上，总会遇到“自我麻痹”这一天敌。它是世界上最隐蔽、最可怕的力量。你明明可以改变现状，可它却给了你无数个“不可能”的借口。一旦被它打败，你就会变得消极，便会开启自我催眠模式：努力有何用？久而久之，你还是原来那个你，留下的只是时间走过的痕迹。

> 要知道，努力过才叫梦想，不努力的只是空想。你所付出的努力，都是这辈子最美好的回忆。激励你坚持前行的不是励志语录，也不是励志故事，而是充满正能量的自己，也是那个一直在前行路上努力的自己。

请相信，你所有的努力，一定会幻化成奇迹，在未来的某一天降临到你身上。

只有努力，才能获得你想要的生活

有人说，不是每一次努力都会有所收获，但是每一点收获都必须付出努力，这是一个不可逆转的命题。我始终坚信，只要付出努力，就能获得自己想要的结果。

01

为了不让女儿输在起跑线上，我曾给她选了一所学费较贵的双语学校。

有一天，女儿放学回家，明显有点儿不高兴，耷拉着脑袋，不说话，也不主动跟我分享课堂趣事。

我问她怎么了，她没理我，而是直接回了自己的房间。

这种情况，在她身上还是第一次出现。我心里想着，不会是受委屈或是和同学吵架了吧。于是等她从房间出来，我便问她："宝贝儿，今天你们班有没有发生什么好玩儿的事呀？"

女儿瞪着大眼睛看着我，欲言又止，最后无奈地问我："妈妈，我们家为什么不住在别墅区呢？"

我愣住了，一时半会儿不知道如何回答她。我没想到她是因为这个问题而苦恼。

我平静地问她："宝贝儿，你为什么会有这样的疑问呢？"

女儿说："每次坐校车回家，其他小朋友都在别墅区下车，最后只剩下我一个人。为什么我们家不住在那里？妈妈，我也想和他们一起下车。我们可不可以也搬到那里去住呀？"

听完她的话，我的第一反应是：这孩子不会因此感到自卑吧？后来她爸爸说："没事儿，她还小，想法很单纯，她认为别人家有的咱家也应该有，别人住在别墅区，我们也应该住在那里。"话虽如此，但我还是有些担心。

为了避免女儿产生自卑心理，我告诉她："我们每个人都是平等的，通过自己的努力，就可以住到别墅区。等你长大了，努力拼搏，有能力后，我们也可以在别墅区安家。如果你不努力，那就只能羡慕别人。"

我对女儿说："虽然我们住在普通小区，但我们一家三口在这里生活得很温馨。"

女儿听后立马开心起来，大声地说："原来我们并不比别人差，通过努力就能得到自己想要的生活啦！"

或许她还不能完全理解自己在说什么。看着她坚定的眼神，我很开心，但也有些失落：开心的是，女儿并没有因此而感到自卑；失落的是，在这样的大环境下，孩子们之间的起点差异会伴着他们的成长被逐渐放大。小到哪个朋友买了新玩具，大到我们住在哪里，都会让他们的心灵产生波动。

我认识一位全职妈妈，她拼命地想从家里出来，到外面去工作。因为她很害怕有一天她的孩子会因为她没有工作而被其他小朋友嘲笑。

当孩子发现自己与别人不同，产生自卑心理时，我们应该告诉孩子，虽然每个人的出身不同，但只要努力，就能获得想要的生活。

02

记得我和女儿一起去看电影《红海行动》，我们都被女主角的精神打动了。剧中女主角的扮演者蒋璐霞凭借自己的努力，塑造的铁骨铮铮的女汉子形象深入人心。

起初，她接到《红海行动》的剧本时很激动，因为没想到导演会找她来饰演机枪手。她也担心自己能力不够，不能胜任这个角色。后来，她主动进入军营体验生活，通过不懈地努力，塑造出了近乎完美的形象。

记得电影中有这样一个场景：蒋璐霞扮演的机枪手需要扛着突击队中最重的枪，背着20多公斤的装备奔跑。这种程度的负重对于男兵来说，或许还可以接受，但对于女兵来说，只能靠意志力坚持。她为了拍好影片，不知吃了多少苦，但她始终没有放弃。

正因为她的付出，她才得到了观众们的认可。对于这个角色，她丝毫不敢懈怠，正如她所说，通过“为难”自己，才能遇见更好的自己。

孩子，我们每个人都有自己想要的生活，努力才可能会实现，但是不努力一定不会实现。

03

作家龙应台曾对儿子安德烈说：

> 我要求你读书用功，不是因为我要你跟别人比成绩，而是因为，我希望你将来会拥有选择的权利，选择有意义、有时间的工作，而不是被迫谋生。

努力学好一项技能，并不一定会让孩子成为富人，但至少能让孩子在以后的人生道路上多一项选择的权利。

生活并不是为你私人定制的，只有通过不断努力，积极面对生活，努力学习新知识、新技能，才能武装自己，在未来的某一刻遇见更好的自己。

孩子，你要知道只有通过不断努力，才能获得想要的生活。

自己想要的生活，需要自己去“灌溉”。

你不是不努力，只是操之过急

记得曾看过《谁动了我的奶酪》一书，其中有一个片段让我记忆深刻。

小矮人哼哼和唧唧发现奶酪不见了之后，消沉、愤怒了一段时间，然后就开始拿着锤子、凿子凿墙，看是否被藏在了隔壁，结果也没有看到奶酪的影子。这时他们才意识到，努力和回报之间不一定是画等号的。

其实他们一开始就错了，既然已经发现原有的奶酪不见了，就不要不停地抱怨，一味地沉浸在伤痛中，而是要勇敢地走出去，朝着新的方向前进，付出更大的努力去寻找新的奶酪。

01

朋友的女儿琳琳，现在读高二，她的社交平台展示的内容负能量满满。她做什么都无精打采的，不知道该朝哪个方向努力。

到了青春期，大多数女孩儿都会像琳琳一样，迷茫、彷徨……其实，很多时候你不是不努力，只是把自己逼得太紧了。

在高考前的关键时刻，孩子天天想着看什么书、做多少题，学习的弦儿绷得太紧，结果可能适得其反，不仅成绩提不上去，长此以往，还会产生焦虑、厌学的情绪，导致小小年纪就负能量满满。

孩子，有些时候，你不是不努力，只是操之过急，把自己逼得太紧了。你因为羡慕别人的好成绩，特别想快速提升自己，强迫自己学习，却忘了自己的身心会疲惫，忘了好成绩是需要一点一滴积累的。

世上没有捷径可走，所有的成功都需要付出努力，慢慢积累，心急也没用。与其把自己逼得太紧，倒不如好好放松一下，想想自己应该做什么，按部就班，循序渐进。世上没有一蹴而就的成功，都需要脚踏实地，一步一步去实现。

“不积跬步，无以至千里；不积小流，无以成江海。”只有当你积累了足够的经验，才能在努力的基础上展现优秀的自己。

02

你不是不努力，只是努力的方向错了。

因为工作原因，我认识了兼职插画师荼乐。她不是科班出身的插画师，而是一名在校学生。她所学的是她不喜欢的物理专业，枯燥的理论让她头大。她虽每天坚持学到很晚，可是成绩却不见起色。

时间久了，她持之以恒的心开始懈怠。自卑感让她觉得自己就是一个可笑的失败者。

后来，她发现自己对这个专业实在提不起兴趣，便选择了放弃深入研究。现在荼乐找到了新的兴趣爱好——旅行、画画儿。偶尔和朋友出去小聚，她还不忘带着相机去采风。

前段时间我与她闲聊，明显感觉她变了许多，整个人变得自信了，也比之前更有精神了。其实她自身条件并不差，只因选择了一个不适合的专业，导致自信心被消磨殆尽，觉得自己什么都做不好。

孩子，你要明白，每个人都有自己的特长和弱项。某件事情你没做好，不代表你不行，只是因为你选错了努力的方向。这时请不要气馁，更不要自卑，一定要相信你可以找到属于自己的成功之路。

03

你不是不努力，只是现在充满恐慌，对未来感到迷茫。

你可能一想到未来就迷茫、害怕，对未来失去信心，觉得无论怎样努力都无济于事。尤其是在一个“拼背景”的环境中，别人有的是“背景”，而自己有的是“背影”，于是你便感到未来一片黑暗，看不清自己以后的路。

说到底，你还是在为自己的不自信寻找借口。你没努力拼搏过，怎么知道自己就不会成功呢？你对自己、对未来都没信心，又怎么去积极面对生活呢？

可能你会说你努力了、尽力了，却仍没看到自己的改变。但是，如果你此时放弃，之前的努力就全都白费了。你的努力也许一时看不到结果，但或许在未来的某一天，当你遇到了困难，你会发现你的想法已与之前不同，你的思维也变得更加开阔了。

所以，要想有所作为，就必须对自己有信心。只有自己相信自己，别人才有可能相信你，你学习起来也会更有动力，才能把事情做得更好。

孩子，也许你此时还在努力探索的路上。要想成功，你需要无所畏惧地向前。

成功就在眼前，你要无所畏惧。

第二章

梦想能到达的地方，脚步也能到达

有人说：“年少时，为了一个伟大的梦想，我们可以去拼；我们渐渐长大，忘记了还有梦想，只是卑微地活着。梦想只有在不断的追逐中才可称之为梦想，否则只是一场空想罢了。”

只要肯努力，梦想总有一天会实现

孩子，当你仰望星空憧憬未来时，要知道，不努力不行动，一切都是空想。梦想成真的背后需要恒久的坚持，成功都是由无数汗水铸成的。

01

梦想是什么？答案多种多样，无法一概而论。

《阿弥陀佛么么哒》一书中是这样定义梦想的：

> 真正的尊重，只属于那些不怕碰壁、不怕跌倒、勇于靠近理想的人。梦想不等于理想。光幻想，光做梦，不行动，叫梦想。敢于奔跑起来的梦想，才是理想。

梦想不能只靠说，而要靠行动来实现。如果只图一时口舌之快，梦想只不过是“白日梦”。若你付出努力，并为之坚持，便会成为想象中的自己。

在未来的人生中，我们不仅要有梦想，还要有实现梦想的努力。

《哈佛家训》中有这样一则故事：

一个女孩儿花 3 美元买了男孩儿的一个梦想——去埃及金字塔。男孩儿因为失去了这个梦想，反而更激发了他实现梦想的欲望。于是，他开始搜集关于埃及金字塔的资料，还赚了很多钱，作为储备资金。最后，他以十几万美元的代价把儿时的梦想买了回来——去了埃及金字塔。

这则故事说明，越容易失去的东西就越想得到，梦想同样如此。如果我们重视这些梦想，并付诸行动，在不久的将来，它们一定会实现。

02

女儿上小学三年级时，我曾问她：“长大了你想做什么呀？”

她歪着头，嘟着小嘴，思考了一下说：“我要当生物学家，看遍自然界的动植物。妈妈，你快带我出门去考察吧！”（其实是她最近看《动物世界》看多了……）

我知道，这个“小鬼头”就是想忽悠我带她出去玩儿。女儿特别喜欢外出，尤其喜欢楼下的小公园，她可以在那里玩儿一下午都不回家。

天刚下过小雨，我们便到楼下玩耍。一下楼，她就跟脱缰的小马似的，在公园里乱跑，不一会儿便停下来，大声喊：“妈妈，妈妈，快来看，这里有两只蜗牛！”

我走过去，看到浅水沟里有两只蜗牛，正在努力地往前爬。这时女儿来了兴致，蹲在那里仔细地观察。蜗牛遇到一根很粗的棍子，它们并没有绕过去，而是一直往棍子上爬。其中一只蜗牛好不容易爬了上去，没待稳又掉了下来，好几次都是这样，爬上去掉下来，爬上去掉下来，我都没耐心看下去了。

只见女儿两只小眼睛死死地盯着蜗牛。又过了一会儿，她兴奋地大喊道：“妈妈快看，蜗牛真的爬上去了！”只见一只蜗牛爬上去后，又去帮助另一只蜗牛往上爬。女儿笑着说：“妈妈，它们太笨了，为什么要爬到棍子上呢？为什么不绕过去呢？”

女儿的问题让我忽然间明白，这两只蜗牛的行为告诉我们：面对生活中的困难，不要选择逃避，而要勇敢地去面对。

我告诉女儿，它们都是有“理想”的蜗牛，想爬到最高处，看看这个大千世界，所以才拼命努力地爬到棍子上去。它们为了自己的梦想，努力地爬呀爬，即使会掉下去，它们还是努力地坚持着。

女儿若有所思地继续观察着……

蜗牛的攀爬影射着人生的拼搏。跑得快不一定就能第一个到达终点，跑得慢也不一定就到达不了终点。只要你有梦想、有目标，并为之付出努力，就一定能到达终点。

孩子，你要知道，梦想能到达的地方，终有一天脚步也能到达。即使在这个过程中，你比别人慢了一点儿，那又有什么关系呢？

03

刷朋友圈时，我曾看过这样一段话：当年梦想着环游世界，可最终只是在别人的朋友圈里看尽天南海北；曾梦想着有一天能够“面朝大海，春暖花开”，可最终只能面对桌上的一盆仙人掌发呆。

看到这里，我不禁莞尔一笑。实现梦想的过程就像爬山，只有经受艰辛才能到达山顶。尽管过程中充满艰难险阻，甚至是痛苦，但只要能到达山顶，这一切都是值得的。当你站在山顶，享受着实现梦想的喜悦，再回头看看自己走过的路，那些艰难险阻和痛苦又算得了什么呢？

马云曾说：“梦想还是要有的，万一实现了呢？”听上去似乎很无奈，可能是将梦想看得太遥远了，但只要心中有梦想，并付出努力，通过日复一日的努力，总会等到花开的那天。

我相信，无论梦想多么遥不可及，它都会潜藏在每个人心中。我们内心所向往的那个地方，就是存梦的地方。只要我们一步一个脚印地走下去，终究会抵达梦想的彼岸。

脚踏实地地走下去，终会到达心中的梦想之地。

如果不行动，怎么能知道梦想远不远

说到梦想，许多孩子都觉得遥不可及，甚至望而却步，也有很多孩子觉得梦想只不过是想想而已。试问：如果不去努力，不去尝试，怎么会知道梦想与现实的距离到底有多远呢？

01

孩子，梦想的实现不是一蹴而就的，既然决定了就应该去做。虽然实现梦想的道路上有许多艰难险阻等着你，但你要相信，只要脚踏实地，开拓进取，梦想终将实现。

美国 Facebook（一个社交网络服务网站）创始人马克·扎克伯格出生于纽约的一个犹太家庭，他从小就很喜欢设计程序，特别是沟通工具与游戏类程序。他曾开发了一个软件系统，让父亲可以在家里和牙医诊所进行信息交流。这套系统后来成为美国在线实时通信软件的原始版本。

扎克伯格 20 岁时考入著名的哈佛大学，他在校期间创办的 Facebook，一度成为大家关注的焦点。在哈佛上学期间，他开始时只是个喜欢黑客、敢于冒险的孩子。后来，他创办了一个网站，为同学们相互联系提供了一个平台。一个月后，一半的哈佛学生都注册成为这个网站的会员。

当时 Facebook 非常火，一些网络技术公司看上了这个网站，想要把它买下来。扎克伯格找到了自己的梦想，选择从哈佛退学。他来到硅谷，开始了自己的创业之路。他想让更多的人加入到互联网中。

短短数年，这一网站就风靡全世界。如今，它已成为世界上最重要的社交网站之一，就连美国前总统奥巴马、英国女王伊丽莎白二世等政界人物都成了 Facebook 的用户。

2018 年 5 月，美国财经杂志《巴伦周刊》评选出了最新的全球 30 位最佳 CEO，扎克伯格荣登榜单。

实现梦想需要冒险精神，更需要脚踏实地去拼搏奋斗。

02

孩子，一个人若想成功就一定要拥有梦想，如果连梦都不敢做，那还谈什么“梦想成真”呢？不要怕别人笑话你整天做梦，只要你能在做梦的同时，敢于付出追梦的行动，那你离梦想就不远了。

美国服装业巨子拉尔夫·劳伦创立了 POLO 服饰王国。他从小就喜欢“做梦”，当别人在玩耍时，他已能辨认皮夹克的好坏、真伪。上中学时，他便用辛苦攒下的钱为自己选购衣服，不断培养自己对服装的兴趣，梦想着日后能进入服装界。

在大学毕业典礼上，劳伦庄重地表达了他的愿望，就是成为百万富翁。尽管他学业不好，但渴望进入服装界的想法一直在他的脑海中萦绕。最终凭借高超的鉴赏能力，他获得一家领带制造公司的重用，有了展示才华的一方舞台。

他设计出来的东西很快便受到同行的赞誉。而后，一位欣赏他才华的朋友邀请他一起投资创立 POLO 时装公司，从此，劳伦有了更大的发挥才华的空间。在设计服装款式时，他大胆突破传统，将当时流行的较窄的领带，设计得宽了一些。而这种“叛逆”设计，赢得了年轻人的追捧，进而掀起了一股时尚潮流，POLO时装从此成为男装革命的先锋。

梦想就像一屋子的宝物，但门被锁上了。开启这扇门需要一把钥匙，只要把这扇门打开，生命中无穷的智慧和能量就会释放出来，而这把钥匙便是创造力。当你拥有了这种能力，它便会引领你实现梦想。

03

著名作家海明威曾说：“人可以被毁灭，但不能被打败。”

京东CEO刘强东作为中国人民大学社会学系高材生，在一家日企工作不到两年，便不顾家人反对，辞去高薪工作，拿着仅存的1万多元钱，骑自行车到北京的中关村租了一个柜台，而后成立了京东公司。凭着他出色的经营才能，创业仅3年，小柜台便发展出十几家门店，经营一些高端电脑配件。

正当生意做得风生水起时，“非典”暴发。受此影响，京东月亏损50万元以上。拥有开拓精神的刘强东决定另辟蹊径：人们不到门店来买，我们可以送货上门。于是，“京东多媒体网络电子商务”正式上线。数年后，刘强东说，京东模式是被“非典”逼出来的。当然，与其说是被逼出来的，倒不如说是他抓住了机遇，改变了京东的经营模式，最终才取得了成功。

实现梦想，有时候就像在合适的时间遇到了合适的人，抓住了机遇，就离成功不远了。

04

萧伯纳有句名言：

在这个世界上取得成就的人，都努力去寻找他们想要的机会，如果找不到机会，他们便自己创造机会。

机会从何而来？从不断的学习中来，从不断的奋斗中来。只要心中有梦想，并坚持为梦想而奋斗，终会铸就成功。

如果你不行动，又怎能知道梦想与现实的距离到底有多远呢？即使梦想在天边，可路在脚下，前方正是等着你去实现的梦想。

机会总是留给有准备的人。

给梦想插上翅膀，朝着精进的方向前行

孩子，在你成长的道路上，一定要有梦想。心若没有栖息的地方，到哪里都是在流浪。有时候，尽管梦想遥不可及，你也依然要去追逐，朝着精进的方向前行，哪怕只是靠近梦想的一小步，也是通往成功的一大步。

01

孩子，成长于什么样的家庭，出生于什么样的阶层，是你无法选择的，但这些都不应该成为阻碍你朝着梦想前进的理由。无论梦想的路有多远，脚步坚定，努力前行，总会遇到那个更好的自己。

记得刚来北京时，住在同一个大院的女孩儿十分喜欢画画儿。由于家庭条件不太好，她得在养活自己的同时坚持画画儿的梦想。刚开始，她在一家酒吧当服务生。没过几个月，酒吧倒闭了，她便提着书包，背上画笔、画纸去外地写生。与其说是写生，倒不如说是去流浪。按照她的说法，走到哪里画到哪里，只要梦想在，即使没钱也会画下去。

此后几年，我都没再见过她。前两年因为工作的关系，又路过初来北京时住的大院，听那儿的老人们说她有出息了，还去了德国杜塞尔多夫大学攻读艺术硕士，现今已毕业回国。

这个女孩儿的经历，让我想起了一句歌词：心若在，梦就在。孩子，只要你在人生道路上拥有梦想，并不断朝着精进的方向前行，即使两手空空也同样能创造出一片属于自己的天空。

02

《奇葩说》这档综艺节目想必大家都不陌生，我和女儿都很喜欢。

女儿特别喜欢来自马来西亚的小辩手陈咏开。我每次看他口若悬河、逻辑缜密地陈述自己的观点时都在想，这个拥有90后身份、00后面孔的男孩儿，怎么会有如此强的辩论能力？

在一次辩论中，他曾坦然地说，他这一身辩论功夫都是他连续6年自费参加比赛练就的。因为从小喜欢辩论，梦想成为一个有名气的辩手，于是连续6年，只要有机会，他就去参加各种辩论比赛，终于成长为今天站在《奇葩说》舞台上受人注目的辩手。

著名作家马尔克斯说：

> 永远有一个明天，生活给我们另一个机会将事情做好。

在这个优胜劣汰的时代，树立梦想，给梦想插上翅膀，并朝着精进的方向前行，方能取得成功。

03

泰戈尔说："天空中没有翅膀的痕迹，但我已飞过。"而我们要做的就是给梦想插上翅膀，并朝着精进的方向前行。

新东方教育创始人俞敏洪的成功并非偶然。要知道他第一次参加高考时英语只考了33分，而第二次考了55分，但他在学习英语的道路上从没有放弃。他说："当你觉得拼命是一种快乐的时候，你的学习成绩不太可能上不去。"正是有这样一种信念与理想做支撑，在第三次参加高考时他的英语才取得了95分的好成绩，并最终被北大录取。曾经的弱项成了他如今的强项，这一切都要归功于他超人的努力和惊人的毅力。

在大学期间，他的成绩并不好，但他没有放弃，一天内背不下的课文，他就花一周的时间去背，天天去背，到最后可以脱口而出。虽然他现在成功了，但无论多忙他仍会抽出5分钟时间来巩固词汇。他脑海里存的3万多个词汇，并不是一朝一夕就记下来的，而是这么多年每天积累、巩固的结果。

当不能拼天赋时，你就得低头努力。只要心中有梦、脚下有路，砥砺前行，相信胜利的曙光总会照耀到你。

04

"我的梦想是当画家，这种技法我都练过了，为什么还要练呢？"

也许你会说，你是有梦想的，只是还没能力实现而已。我相信这个世界上有天才，但更相信成功者的成功并不完全依赖于他的天赋。如果不努力，不朝着梦想前行，纵然有极好的天赋和条件，也未必能取得辉煌的成就。

要知道，重复学习是一种进步，不断精进的过程其实也是不断重复的过程。如果你心怀梦想，那就应当在精进的路上不断前行，做一个精进不休的人。

有一次，毕加索在咖啡厅里突然来了灵感，于是在餐巾上画了起来。邻座有位女士看到了，觉得他画得非常好。几分钟后，毕加索喝完了咖啡准备离开，并且要扔掉那块餐巾。邻座的女士便开口说："请把那块餐巾给我吧，好吗？或者我出钱买好了！"

毕加索说："当然可以，那你要支付我2000美元。"女士惊讶道："什么？

你画它只不过才花了2分钟而已！”毕加索回答：“女士，并非如此，那可是耗费了我60年的时间。”

毕加索精益求精，坚持绘画。绘画需要不断练习，重复描绘。一幅精品画作不知重复画过多少遍才得以成为精品。

正如《逻辑思维》主讲人罗振宇所说，我们学习的每一样东西，都是一块敲门砖。我们拿它一遍遍地敲击通向知识殿堂的大门。起初，我们以为会看到什么名家和大师、真理和绝学。但是，最后从那道门里走出来的一定是你自己，一个更好的自己。

孩子，人生的路需要你自己走，人生的梦需要你自己去实现。勇于追求自己的梦想，并朝着精进的方向前行，属于你的明天一定会越来越近。

朝着精进的方向前行，属于你的明天一定会到来。

当你的才华还撑不起你的梦想

诺贝尔文学奖获得者莫言曾说："当你的才华还撑不起你的梦想时，你就应该静下心来学习；当你的能力还驾驭不了你的目标时，你就应该沉下心来历练。"实现梦想需要的不是浮躁，而是沉淀和积累。急功近利并不能成功，只有不忘初心，一边努力一边等待，才有成功的机会。

01

相信每个人都在坚持梦想的路上迷茫、彷徨过。

我认识一个女孩儿，她运营着一个公众号，还开办了写作课堂，事业搞得风生水起。其公众号粉丝量已超过百万，每一篇文章的阅读量都达到"10万+"——她已经是名副其实的公众号"大V"。

然而，最初面对梦想时，她也曾迷茫过，但她奋斗的脚步从未停下。在看不到希望的路上，在写作遇到瓶颈时，她依旧不断地努力着，一步一个脚印地努力向前走。

她的文章一开始并不出彩，而且观点深度也不够，不能引起读者共鸣。但正是因为这种种不好，她才更加勤奋地练习，利用休息时间搜集资料，下班后坚持写作，以此来提升文字功底。不管有没有成果，她都没有放弃，而是一边努力一边等待时机。

毫无疑问，她成功了。自媒体出现，她牢牢地抓住了大展身手的机会。

自媒体问世时，她顺势搭上了互联网快车，注册了自己的公众号。而此时，她的文采、见识已经上升到了一个新高度。她写的文章不仅标题新颖，内容也很精彩，一时间吸引了大批粉丝。

慢慢地，公众号粉丝越来越多。在粉丝的建议下，她开办了写作学习班，不但自己写，还教别人写。我想，这种成功或许是她梦想路上的意外之喜吧！

孩子，你要知道，如果没有足够的能力，即使机会摆在面前，你也很难牢牢地抓住它。

假如女孩儿在看不到出路时就放弃了，那当自媒体出现时，她一定会错失这个机会。所以，只要你不放弃，总有一天会找到适合自己的那条路，因为机会总是留给有准备的人的。学会等待，梦想终会开花结果。

02

主持人王芳的人生经历让人非常敬佩。在实现登上舞台这一梦想的过程中，她也曾有过一段时间的等待。

那年，她通过层层选拔考入电视台，正式成为一名职业主持人，而在这之前，她是一所师范学校的老师。她格外珍惜进入电视台的机会，因为这离她的梦想又近了一步。

理想很美好，现实却很残酷。刚进入电视台，她并不是从主持人开始做起。由于没学过播音专业，她被分配去做了一名编导。面对从台前到幕后的巨大差距，王芳并没有放弃，她只是觉得每天待在机房里很沮丧。

不过，王芳心态很好，她想：反正着急也没用，倒不如好好儿学习一下编导技能。于是，她在做编导的那段时间里学会了构图、配音、特效，并很快融入这份职业中。她用了半年时间，成了单位的“小能手”。

后来，她如愿当上了主持人。又过了几年，她成了制作人。当她开始独当一面时，她说之前的工作都是最好的安排，正是那些经历，才让她现在工作起来越来越得心应手。

就像励志作家特立独行的猫在《当你的才华还撑不起你的梦想时》一书中所说的那样：

> 当你的才华还撑不起梦想时，需要多尝试并学会等待。很多年轻人总是说自己很迷茫，不知道自己喜欢什么、擅长什么、想做什么，那就去尝试，接触的领域多了，总会遇到感兴趣的。

等待的你就像春蚕，只有不断地积蓄力量，才能在化蝶的前一刻突破蚕茧，羽化成蝶。当你的才华还撑不起你的梦想时，只有学会等待，积蓄力量，等到机会来了，一把抓住，才能成就更好的自己。

03

“自古英雄多寂寞”，越王勾践便是经过漫长的等待，才实现了复国的大业。

当勾践站在空荡荡的宫殿中，他明白，自己已成为阶下囚。是勾践没有才华，不能治理好一个国家吗？错，即使成为阶下囚，他仍有复国的雄心。但是这个过程除了需要坚强和毅力外，更多的是等待——漫长而艰苦的等待。

在无尽的等待中，他学会了坚强，学会了忍耐，在等待中他慢慢学会了积蓄能量。10年后，他终于实现了自己的梦想，一举收复失地，将吴王彻底击败。勾践的等待就是为了来日的辉煌，而伟大的追求正是经过漫长的等待才得以实现。

居里夫人曾说，机会总是留给有准备的人。

居里夫人毕生的追求就是将科学发扬光大。她日复一日地做实验，年复一年地做研究，终于迎来了事业上的成功。两次获得诺贝尔奖就是对她所做贡献的最大褒奖。居里夫人用自己的生命来等待，从而实现了自己的追求。

你觉得自己还不够成熟时，那就多去“充充电”，提升自己；你的才华还撑不起你的梦想时，那就学会等待。只有经过寂寞的冬季，才能迎来绚烂的春天。

相信终有一天，经历等待，你也将实现你的梦想。

04

欲戴皇冠，必承其重。

皇冠熠熠生辉，是梦想与荣耀的象征。

孩子，你要相信，在还没达到目标前，你所做的任何努力都是一种积累。如果梦想是花，那么努力就是根。命运总会眷顾那些在等待中拼命努力的人。

有梦想的人生，才是有趣的人生

看了《晓松奇谈》节目之后，我才发现高晓松是个有趣的人。他在节目中聊人生，聊理想，聊奇闻趣事，用他的才华与博学治愈了大家的“颜控”。

高晓松出身于高知家庭，最大的梦想是开图书馆。谁知在人生的土壤里种下了梦想的种子，竟开出了灿烂的花朵。之后他还开创了“晓书馆”，用自己的坚持告诉人们：有梦想的人生，才是有趣的人生。

01

在追求梦想的路上，每个人都行色匆匆。我想起一位同学，她是法学出身，考上了公务员，在老家的司法机关担任一名检察员。

她这般体面的工作，不知令多少同学羡慕，但她却选择了辞职……

与“世界那么大，我想去看看”的情怀不同，她辞职的理由是：安稳的生活不能满足自己日益“膨胀”的梦想。

她的举动引起同学们一阵热议，不知背后有多少人嘲笑她“身在福中不知福”，甚至连她的父母也表示不理解。她告诉我，这些议论她都不在乎，因为她不想过那种一眼望到老的生活。

上学时我就知道，她的志向不在公务员，而是想当一名作家，或者一个编剧。但是这个行业人才济济，想要走出一条属于自己的路何其艰难。尤其是在没灵感的时候，那种绝望感没人能体会。

一转眼，她编写的作品都快开拍了。虽然不是什么大制作，但足以证明她对梦想的坚持有了回报。

她曾私下跟我说："你看，如果当初没有突破自我，我的人生就不会创造出另一种可能，也不可能获得另一种成功的乐趣。"我相信，她说这话的时候，内心一定充满了无比的自信。

> 梦想，让我们的人生充满无限可能。有梦想的人生，才是有趣的人生。

02

前段时间，我在朋友的推荐下看了《牧羊少年奇幻之旅》一书，真是受益良多。牧羊少年追求梦想的精神激励着每一个心怀梦想的人，这也恰恰印证了这句话：有梦想的人生，才是有趣的人生。

故事的主人公叫圣地亚哥，他接连做着同一个梦，梦见埃及金字塔附近藏有一批宝藏。

他生于普通农家，不想像父辈那样，在同一个地方过着安逸的生活。

从儿时起，他就梦想着游遍世界，做一个真正的"地球人"，去了解这个奇幻无比的世界。他的梦想是让脚下的每一寸土地、每一处风景都留下自己的印记。

他对梦想的执着打动了父亲，也触动了父亲那颗曾经跃跃欲试而今甘于平庸的心。父亲给了他三枚古老的西班牙钱币，作为梦想基金。圣地亚哥用这些钱买了一群羊，开始云游四方，成了一名真正的牧羊人。

他每日与羊群为伴，时不时地给羊群读书。他坚信，羊能听懂他说的话。世界广袤无垠，羊群会引领他走过更多新的地方，发现更多有趣的事情。但在他心里，有一个地方让他魂牵梦绕，那就是梦中的金字塔。

虽然他每天都在实现自己的梦想——周游世界，但有时也会想起父亲。父亲也曾想着游遍世界，可最终却沦为现实的“奴隶”，将梦想深埋，也将自己的人生定格。

正如圣地亚哥所说，梦想的存在仿佛是一盏明灯，它牵引着你不断地向前走。最后他卖掉羊群，历经千辛万苦一路向南，跨过海洋来到非洲，穿越撒哈拉大沙漠，其间奇遇不断。最后，在一位炼金术士的指引下，他终于到达金字塔前……

圣地亚哥正是因为有梦想，才在追逐梦想的路上奇遇不断，人生才更加有趣。如果你心中有梦，不管多么遥远，只要敢于追寻，就能抵达，因为梦想会让很多不可能变成可能。

03

梦想，总是被人小心翼翼地守护着。正因每个人的梦想不同，才会有色彩斑斓的人生。

世界著名篮球运动员科比，曾用独特的方式记录自己实现梦想的过程。

他始终无法忘记第一次接触篮球时的兴奋感。年少的他开始不停地运球，觉得篮球是这个世界上最有意思的东西。

出于对篮球无限的热爱，6 岁时他便将打篮球定为人生梦想，并坚定努力地去实现。

直到 18 岁，他成功成为湖人队的一员，很快他便成为 NBA 史上有名的得分投手。但是随着时间的推移，还有身体机能的下降，他开始意识到，是时候和篮球说再见了。

后来，科比在退役信中对心爱的篮球说：“我们可以珍藏彼此度过的每一段时光，无论美好还是糟糕，我们已经给了彼此所能给的全部。无论今后我会去做什么，我都还是那个6岁的孩子，穿着父亲的长筒袜，对准角落里的垃圾桶，倒数着5、4、3、2、1……”

正是科比的这个梦想，让他的人生充满了乐趣。当你确定自己的梦想后，一定要努力坚持，总有一天，你会感受到梦想实现那一刻的美妙。

梦想让你的人生多姿多彩，没有梦想的人生就丧失了色彩，也没有意义。尽最大的努力去实现梦想，才能让人生焕发出迷人的光彩。

藏着梦想的地方，脚步也能到达。

远方不远，有梦想就有未来

“生活不止眼前的苟且，还有诗和远方的田野。”

诗就是精神世界，是灵魂可及的人生长度。

远方就是梦想，即便它遥不可及，也要坚持。

01

女儿上小学时特别喜欢画画儿，每次同桌看她画画儿都会问她：“你为什么要画画儿？是被爸妈逼的吗？画画儿有什么好呀？……”其实女儿也不知道画画儿有什么好，她就是单纯地喜欢，也不理解同桌为什么会有那样的想法。

以我对女儿的了解，她喜欢画画儿，纯粹得就像小孩子喜欢玩具一样。当她告诉我将来想成为一名优秀的设计师时，我对她说：“设计师很棒啊，从现在开始你要有意识地练习绘画基本功，培养自己的审美情趣。”不知她在那个年纪，是否能理解我所说的。她或许还不知道自己离梦想有多远，但这又有什么关系呢？有梦想就有未来，万一实现了呢！

现在她长大了，思想也成熟了。暑假的第一天她就感慨：终于有时间做自己想做的事了。她最想做的事就是画自己喜欢的画。在此之前，她好几次跟我说，在她的脑海中已经积攒了好多幅想要画下来的画面。傍晚，我和她一起去散步，看到天边被夕阳染红，她的第一反应是拿出手机拍照，然后回家画出来。

看她努力坚持的样子，我很欣慰。画画儿是她的兴趣和爱好，她发自内心地痴迷和喜爱。将来能不能成为设计师并不重要，至少她现在沉浸其中并享受着画画儿带来的乐趣。

因此，我坚信，有梦就有远方。

02

我们常听人说：“路在脚下，梦在远方。”

当你开始踏上征程，远方就不遥远，梦想的未来也将随之而来。

在这个浮躁的社会，身边的生活不能给我们安慰，很多人便开始向往世外桃源般的生活。福建女孩儿王雪卿就做了一个决定：放下一切，孤身一人走进深山之中，打造属于自己的灰姑娘庄园，过与世无争的悠闲生活。

她是一位非常普通的农村女孩儿，她用所有的积蓄租下了一栋破旧小屋。而后，她经过一年的努力，凭借自己的双手，用一砖一瓦、一草一木将其打造成了梦想中的庄园。

作为现实中的“灰姑娘”，她并没有接受过系统的学校教育，但她很喜欢读书，尤其喜欢阅读国内外的古典文学名著。由于住处偏僻没有商店，她只好自己种菜，过着自给自足的生活。

她无师自通学会了摄影，然后给自己拍照，并将照片传到网上，从而吸引了很多人来这里拍照、写生。现在，她每天过着自己想要的生活，并迎来了众多仰慕者，也迎来了更为光明灿烂的人生。

我们常说，人一定要有梦想，一定要知道自己想要什么，然后朝着那个方向去努力。就像周星驰在电影里说的，一个人如果没有梦想，那跟咸鱼有什么区别？

03

记得之前看过一个富有哲理的故事，大概内容是一位智者让路人帮他去花园里摘一朵最好看的花。有的人一走进花园便被五颜六色的花所迷住，立刻摘了一朵，但是走完全程才发现后面还有很多美丽的花。而有的人总想着后面还有更好的，结果直到走出花园，都没找到一朵令自己满意的花，最后只能空手而归。

我们在追逐梦想的过程中大抵也会遇到这种情况。我们把梦想比作高山，目标当然是要登顶，但山太高，山顶距离我们又很远，途中我们可能会因为挫折而退缩，甚至会放弃。而有时候，当我们攀登到半山腰，才发现自己有了很大的进步，甚至还会觉得这里的风景独好，从而感到满足，停留在此。所以，不是每个人都能坚持爬到山顶。

每一个爬到山顶的人，都一定是坚持梦想、永不放弃的人。我们从小就听过龟兔赛跑的故事，虽说乌龟行动比兔子慢得多，但它最终还是赢得了比赛，成了冠军，靠的就是它坚韧不拔的毅力和永不言弃的信念。

有时我们在通往梦想的路上会迷失方向，但只要及时调整就有希望。每个人的成长都需要过程，只要在梦想的路上不放弃，不断坚持下去，你离心中的“远方”就会越来越近……

04

相信每个孩子都向往一个远方，那个藏着梦想的地方。

那里有希望，有信仰，有未知的明天，那里到处弥漫着金色的阳光每当想起那个地方，心里就暖洋洋的。

微电影《田埂上的梦》讲述的是一个发生在广西偏远小山村的故事，也是一部以草根、青春、励志、梦想等为基调的电影。在片尾处，让人感动不已的就是字幕“有梦想就有未来”。片中的主人公的梦想是跳舞，但在一个没有人理解舞蹈的小山村里，他被村里人嘲笑为“跳舞的猴子”。即便如此，他仍没有放弃对舞蹈的追求。经过不断苦练，他最终站在了聚光灯下，实现了自己的梦想。

的确，每个人都有梦想，那是人人所向往的远方。只要你肯付出努力，远方就不遥远。既然你选择了远方，就不要害怕，只要风雨兼程，总有一天会到达。

荷兰著名的足球运动员范迪克年轻时做过洗碗工，但他却有个当足球运动员的梦想。身边人都劝他不要白日做梦了，但谁又能想到，几年后，这个洗碗工成了利物浦足球俱乐部有史以来身价最高的后卫……

孩子，你或许难以理解，即使再平凡的人，也有权利去追寻那束不平凡的光芒。对于大千世界而言，我们都很渺小，但每个人心中都应有理想之光，正是这道光将远方的路悉数照亮。不是远方有梦想，而是梦想就在并不遥远的远方！

喜欢与热爱之间隔着“坚持”的距离。

第三章

不怕千万人阻挡，只怕你不够坚持

鲁迅曾说：“不耻最后，即使慢，驰而不息，纵会落后，纵会失败，

但一定可以达到他所向往的目标。”

有时候我们进步得慢，不是不上进，更不是不坚持，

而是我们停止反省、检讨自己，脚步不坚定。

负重前行的路上，不怕千万人阻挡，只怕你不够坚持。

不要将你的兴趣，变成一时兴起

每个人都有自己的兴趣、爱好，这是再正常不过的事。我们会心血来潮对某事特别感兴趣，只不过有些最后都变成了一时兴起。

许多时候，孩子总以为自己的兴趣爱好都是很美、很酷的。可一旦正式开始，难免会遇到困难，于是又开始逃避。这时候，“没兴趣”就成了他们最好的借口。

01

女儿上小学四年级时，因为上兴趣班的事跟我闹了好一阵子。

有一天，女儿突然对我说：“妈妈，我不想学钢琴了，钢琴一点儿都不好玩儿！”

我问她：“为什么呀？当初可是你拉着我非要学钢琴的。”

女儿说：“钢琴太枯燥了，我不想学了。”

我说：“今天你跟老师请假，没去学钢琴，而其他小朋友都在练习。你觉得自己做得对吗？”

女儿听出了我严厉的语气，委屈地说：“练钢琴太枯燥了，我受不了，就是不想学了！”一边说着一边用小眼睛瞟我，观察我有多大妥协的余地。

后来在我的要求下，女儿又坚持上了一节钢琴课。

到钢琴培训班接女儿回家时，我在门口和其他家长闲聊，发现女儿的情况并不是个例，我心里忽然平衡了许多。有家长说：“唉！我儿子也闹呢，说不想学跆拳道了！学之前，我们也是本着民主精神让他自己选的，现在倒好，才上三节课就打退堂鼓了。”

其实，我明白女儿为什么不愿意继续学钢琴了。

她想象中的学钢琴是这样的：弹她喜欢的曲子，只要动听就行。然而，现实中的学钢琴却是一遍又一遍枯燥乏味地练习技法，并且有些技巧还不是一朝一夕就能学好的，需要付出持之以恒的努力。

我想，那个不愿继续学跆拳道的男孩儿，和我女儿面临的问题应该是一样的。对他们来说，“理想是丰满的，现实是骨感的”，这绝对是他们上兴趣班时的真实写照。

这时最为难的便是家长：按孩子的要求放弃，恐怕会宠坏他，让他觉得什么事都可以想做就做，不想做就不做；不按孩子的要求，逼迫他坚持，又担心适得其反，万一孩子是真的没兴趣呢？

02

孩子对某件事保持三分钟热度，这并不能称为兴趣。就算他对画画儿有兴趣，甚至观察力好，有天赋，如果不坚持，也不一定能学好。这就是为什么有些孩子的兴趣，只是一时兴起使然。

对女儿来说，练钢琴太枯燥，如果不上钢琴课，就可以和小伙伴出去玩儿，多轻松啊。两者一对比，练钢琴自然提不起她的兴趣，只好以“没兴趣”来为自己开脱。

不过，我可不是说放弃就放弃的家长。在一个风和日丽的下午，趁着女儿心情不错，我给她讲了泳坛名将孙杨的故事："孩子，你知道那个拿了好多奥运奖牌的游泳健将孙杨吗？（这个名字女儿很熟，她平时很爱看体育频道）你看孙杨，从小就把游泳当作最大的兴趣爱好，也很有天分，但他现在仍然很努力，每天坚持练习游泳。要不是有毅力，怎么能拿奖牌呢？你说是不是呀？"

女儿听后，张大了嘴巴说道："好厉害呀！可是，妈妈，我又不是他！"

我不死心，决定换个方法和她继续"斗智斗勇"。

于是我想到利用周末，邀请朋友带着她女儿来我家玩儿。朋友家的小姑娘很开朗，喜欢唱歌，正好让女儿给她做钢琴伴奏。这样有了互动，有了夸奖，女儿也就有了练琴的动力。两个人合作很完美，女儿不仅多了个好朋友，也产生了将钢琴学下去的信心，真是一举两得！

03

夏天的一个周末，我与朋友相约见面。我们聊着聊着，话题就落到了孩子身上。

朋友最近很苦恼，她说："我已经连续三个学期给孩子更换兴趣班了，上学期是乐高和钢琴，这学期变成了跆拳道和英语。如果我没记错的话，上上学期是绘画和珠心算。"

我说："兴趣班换来换去不太好吧，这样孩子更没有常性了。他一闹，你就顺从，长大了他也会没耐心、没责任感，最后做什么事都是三分钟热度，这怎么能行？"

朋友无奈地摇头："我知道总是换兴趣班不好，可是孩子每学一段时间就说没兴趣、不想学，而且我也担心逼他会适得其反，只好不停地更换。换到现在，我也不知道他到底对哪门课程有常性，只能都试试，漫天撒网。”

“一年下来兴趣班报了不少，但没看出孩子对哪个有兴趣，不知道是不是方向错了。更可悲的是，自己硬是把兴趣班当成了托管班，没有培养出孩子的兴趣，倒是花不少钱给自己买了个‘没让孩子输在起跑线上’的心理安慰。”

听着朋友连番倒苦水，我觉得女儿还是很让我省心的。

女儿现在表现不错，素描技巧突飞猛进，小小的成就感给她带来了很多快乐。假期无论走到哪里，她都会带着画笔和本子，有时间就安静地坐在一旁画画儿。

我觉得，孩子首先要有兴趣，这样才能学好，因为兴趣是最好的老师嘛！但如果像朋友说的那样，孩子一说没兴趣家长就不坚持了，认为孩子的兴趣不在此处，便开始在各个兴趣班间换来换去，反而什么都学不好。

孩子说“没兴趣”就不坚持了并不好，此时还需要家长去帮他们理智分析，引导他们坚持下去。

爱因斯坦曾说：

> 兴趣是最好的老师。

当下社会充满竞争，我们都希望孩子有一技之长，希望孩子将兴趣变为自身的优势，能够脱颖而出，取得成功，但切记不要因为你的功利心态，使孩子的兴趣变成一时兴起的玩笑。

所谓你不行，只是你不自信

之前看过一部电影《摔跤吧！爸爸》，影片中“这个世界充满假象，唯有痛苦从不说谎”这句台词让我印象深刻。

是呀，谁没有痛苦呢？影片中的两个女孩儿去和男孩儿摔跤，日复一日地为了梦想坚持奋斗，她们也很痛苦。

其实大家都一样，在梦想面前不是你不行，只是你不自信而已。当你撑不住时，轻声地对自己说“我好累”，但不要对自己说“我不行”。

01

现在的公众号铺天盖地，我有很多朋友都是做公众号运营的，可欣算是做得不错的一个。起初她对这项工作并不感兴趣，觉得自己一定做不来。虽然她很喜欢文字，也喜欢写作，但对于网络运营一窍不通。

后来，在我们几个人的鼓励下，她说试试。那段时间，她总是跟我抱怨自己什么都不懂，简直是个“网络白痴”。那段时间她不断地寻找各种编辑器，对比其他公众号的文章，提升自己的审美情趣，努力美化公众号的版面。

在她不断地努力、坚持下，她运营的公众号阅读量已突破五位数，粉丝数量也从起初的“0”发展到现在的“1 万 +”。刚开始时非常艰难，那段时间她每更新一篇文章，便请求别人转发，微信朋友圈都被她的文章“刷屏”。无论认识的或不认识的，她都会推送给人家阅读，即使不看也不转发，她也坚持推送。

前段时间我们见面，聊起如何经营好公众号。她除了简单地谈了谈自己的想法外，还郑重其事地告诉我 12 个字：相信自己，坚持下去，不要放弃。

可欣说她小时候学过绘画，但因为画得太抽象便放弃了；稍大一些时学过象棋，因为搬家又放弃了；中学时学过书法，因为嫌麻烦也放弃了；大学时学过吉他，因为距离太远还是放弃了……现在看着别人精湛的画功、不凡的棋艺、优美的书法，以及听到别人动听的弹唱，她都会默默地想：“其实我之前也学过……”

有时候坚持很苦，但是不坚持会更苦，轻易放弃便意味着你之前的努力都白费了。契诃夫曾说，小狗也要大声叫。拥有自信，你的人生才会拥有无限可能。

02

海明威的著作《老人与海》想必大家都读过。在这部作品中，他成功塑造了桑迪亚哥这位硬汉的形象。

为什么说桑迪亚哥是硬汉？

第一，因为他自信。他虽是一个很倒霉的老渔夫，连续几十天都没有捕到一条鱼，但却相信自己一定可以。于是，他每天出海捕鱼，与风浪搏斗，最终捕到了一条大马林鱼，完成了自己的心愿。

第二，因为他坚持。他说：“一个人并不是生来要被打败的。”在连续几十天都没捕到鱼的日子里，他并不气馁，依然坚持出海。而后在海上与大马林鱼交锋时，他也没有放弃，而是与之纠缠，最后终于获得胜利。当突如其来的鲨鱼群追逐大马林鱼时，他坚持与鲨鱼群搏斗了两天两夜，即使筋疲力尽也丝毫没有想过放弃。

老渔夫身上的这种品质正是我们所需要的。孩子，当我们考试失利时，不要认为自己不行，要像老渔夫一样自信，相信自己能行，然后再不断地努力，最终一定会取得理想的成绩。

> 自信是成功的基石，只有对自己充满信心，才会把不可能变成可能。伟大的音乐家贝多芬曾说过："我可以被摧毁，但我不能被征服。"即便是失聪，他仍然坚持实现自己的音乐理想，你又有何不可呢？

03

有人说，自信是意志力的完美表现，是成功的代名词。每一位成功人士，内心都充满自信，因为只有你相信自己时，别人才会相信你。

美国前国务卿赖斯是一位有着黑皮肤，却十分自信的女强人。她从小生活在亚拉巴马州伯明翰。那时黑人的地位非常低，处处受到白人的歧视和欺压。赖斯因为皮肤黑，小朋友们都疏远她、孤立她。

有一天，学校门口来了一位卖气球的老者。其他小伙伴都买了五颜六色的气球，只有赖斯一人在旁边孤单地站着。卖气球的老者便给了她一只黑色的气球。后来赖斯和其他小伙伴一起放飞气球，她的气球飞得最高，别的小伙伴都露出了羡慕的眼神。这是她第一次感受到这种眼神，同时，这件事也给了她极大的鼓励。她说："那位老者告诉我，无论什么颜色的气球，都可以飞得很高，黑皮肤的人也会取得成功。"

此后，赖斯对自己充满信心，她刻苦学习，一直努力奋斗，最终走上了美国政坛高层。她之所以能取得这样的成就，与她时刻保持自信是分不开的。

孩子，自信是前提，坚持是过程，对自己充满信心，坚持下去，你便会成功。

04

在这个世界上，没有人能阻挡你奋斗，除了你自己。

当你拥有自信，你便会拥有一种超人的力量，它会引领你去争取、去坚持，直至取得成功。而获得自信的方法便是正确看待自己。当你充满信心时，你说话、做事的方法都会随之发生改变。

孩子，你要知道，只要你自信，谁也无法看低你。

不惧别人的眼光，做最真实的自己。

不怕你不努力，只怕你自己先放弃

曾有人说，许多企业不是死在今天，也不是死在明天，而是死在今天通往明天的路上。对这句话，不同的人有不同的见解，我的理解是努力坚持。面对任何困难，只有坚持挺过去，人生才会豁然开朗；即使挺不过去，时间也能教会你怎样与它们握手言和。

01

起初看《风雨哈佛路》这部电影时，我被丽斯勇往直前的奋斗精神所打动。在她布满荆棘的人生道路上，她从没有选择放弃，而是凭借自己的努力，考进了哈佛大学。

丽斯出生在纽约的贫民窟，从小承受着家庭的重压。她的母亲酗酒、吸毒，还患有精神分裂症。

面对如此窘迫的处境，起初丽斯拼尽全力维持着这个家，但之后她开始渐渐消沉，逃课、流浪、捡垃圾，甚至一度离家出走。

后来，她父亲进了收容所，母亲也因感染疾病去世。她深受触动，突然意识到如果再这样浑浑噩噩下去，她的一生也会就此荒废。

随着丽斯的慢慢成长，她逐渐意识到只有读书才能改变命运。于是她走进校园，刻苦学习，仅用2年时间便完成了4年的课程，并获得《纽约时报》一等奖学金，最终以优异的成绩考入了哈佛大学。

影片最后，丽斯迈着自信的脚步走进哈佛大学。贫困并没有磨灭丽斯前进的决心。在她的人生中，勇往直前是永恒的主题。

孩子，当你在学习与生活中看不到希望，徘徊不定时，唯一能做的就是努力坚持下去。很多时候，我们的人生就像漂泊在大海中的帆船，看不到彼岸，也看不到灯塔。如果你放弃了，可能就会永远漂泊下去，但如果你努力坚持，就有熬过去的机会。

《风雨哈佛路》中的丽斯做到了，她没有被生活的艰辛所打倒，反而凭借自己的努力，达到了人生的另一个高度。

02

知名剧作家廖一梅说：

> 很多人疼一下就将身体缩起来了，像海葵一样，再也不曾张开，最后只能变成一块石头。要是一直张着，虽有不断的伤害，不断的疼痛，但你还是像花一样绽放着。

演员包贝尔曾给大家带来了很多欢乐，但很少有人知道他小时候十分调皮，在邻居眼中是个“坏孩子”，邻居都不让自己的孩子跟他一起玩儿。

直到上大学时，因为机缘巧合，他在学校的联席会上演了一出戏，赢得台下观众的一片掌声。他的妈妈很激动，觉得自己的孩子是有前途、有希望的。这是他记忆中，妈妈第一次为他感到骄傲，第一次为他激动得流泪。这时包贝尔才发现，原来自己在妈妈眼中并没那么坏，于是他决定改变自己，他要用演戏来证明自己。

随后，他开始四处找导演试戏。有一次导演说演员已经定好了，包贝尔却一再坚持，请求导演给他一个试演的机会。那位导演被他的真诚和坚持所打动，决定让他试一试。其中有个镜头要在 -4℃的室外拍摄，尽管天气寒冷，包贝尔还是反复地演绎一个细节，直到导演满意为止。

后来，包贝尔发高烧，导演对他说虽然他不是演得最好的，却是演得最认真的，所以决定录用他。之后，包贝尔每接一部戏，都会把表演细节揣摩到位，最后终于成长为今天大家喜爱的著名演员。

在一次采访中，包贝尔说，往事不堪回首，幸亏自己没有破罐破摔，没有放弃，才有了今天这点儿小小的成绩。

03

孩子，每个人在成长的道路上总会走或多或少的弯路，没有谁的人生之路是一帆风顺的。只有在困难面前不低头，始终不放弃，蓦然回首时，你才会心存感激。

生活最难的部分不是让自己免于痛苦，而是如何在受伤后，依然忍着疼痛继续前行。有些人在面对困难时低头了、妥协了，甚至自暴自弃，任由时光蹉跎，放弃了自己的追求。但如果你不低头、不放弃，迎难而上，你就会走出困境，从而看到希望的曙光。

一个自我放弃的人，极有可能走上一条不归路，渐渐迷失方向，从而迷失自己。曾经的困苦不会一直跟着你，只要你变得强大，困苦便会远离你。只有你选择了不放弃，你才会有所改变，而当你改变后，别人看你的眼光自然也会改变。

起点低的人，不要着急得到别人的肯定，而要通过努力慢慢地去成长，多给自己一点儿时间，总有一天你会感谢自己：幸好自己当初没有放弃。

人生没有永远的不如意，真正的不如意是你决定自我放弃的那一刻。选择放弃的人无疑会搬起石头将自己的路堵死，而坚持不放弃的人，总会在荆棘丛中踏出一条路来。这条路上鲜花遍地、繁花似锦。

不怕你不努力，只怕你先放弃。

如果你不能成为雄鹰，就做一只蜗牛

我要一步一步往上爬，等待阳光静静看着它的脸，小小的天有大大的梦想，重重的壳裹着轻轻地仰望。我要一步一步往上爬，在最高点乘着叶片往前飞，小小的天流过泪和汗，总有一天我有属于我的天。

——周杰伦《蜗牛》

01

说起蜗牛，一般人会认为它们背上重重的外壳是一种负担，让那软弱的身躯无法快速前行。事实却是，蜗牛背上的壳是它们高贵到骨子里的传家宝，是一种使命，也是一种态度。

记得之前看过一则关于蜗牛的故事。

小蜗牛问妈妈："为什么我们生下来就要背负这个又硬又重的壳呢？"

妈妈回答："因为我们的身体没有骨骼的支撑，只能爬，但又爬不快，所以需要这个壳来保护！"

小蜗牛不解地问："毛毛虫没有骨头，也爬不快，为什么它却不用背这个又硬又重的壳呢？"

妈妈认真地说："因为毛毛虫长大后能变成蝴蝶，天空会保护它呀。"

小蜗牛想了想，又说："可是蚯蚓没有骨头，也爬不快，也不会变成蝴蝶，它为什么不背这个又硬又重的壳呢？"

妈妈看着他，回答说："因为蚯蚓会钻土，大地会保护它呀。"

小蜗牛难过起来："我们好可怜，天空不保护，大地也不保护，就连命运也不保护……"

蜗牛妈妈安慰他："好孩子，不要难过，我们不靠天，也不靠地，我们有壳，可以靠自己。"

是呀，蜗牛的这种精神非常值得我们学习。再长的路，只要走就能走完。在蜗牛的思维中，只有前进，没有后退，即使粉身碎骨也不怕。永不退缩就是它们最伟大的精神。

02

有一支考古队到胡夫金字塔考察。他们搭载直升机到达金字塔时，不远处栖息的几只雄鹰受到惊吓，落荒而逃。

雄鹰拥有强劲的翅膀，飞上金字塔顶并不足为奇。接下来，考古队员在胡夫金字塔的顶部，居然发现了很多蜗牛的躯壳，还有一些蜗牛的身体竟然完好无损。这些蜗牛是如何爬上40层楼房之高的金字塔顶的呢？有人猜测，这些也许是雄鹰叼上来的美味，但有些蜗牛的身体是完整的，这让人无法解释。

后来，考古队员又陆续发现，金字塔的塔身上有很多蜗牛爬过的痕迹，还有许多黏液附着在塔身上。原来，是这些蜗牛自己从底部一步一步爬上来的。它们从塔基开始，或许爬了一个月、两个月，甚至更长时间。当它们爬上这伟大的建筑时，也抵达了它们生命的巅峰。

有人说：

世界上只有两种动物可以登上金字塔的顶端，一是雄鹰，一是蜗牛。雄鹰之所以能登上金字塔顶，是因为它有矫健的翅膀，而蜗牛只能靠坚持不懈的努力，一步一步往上爬。雄鹰飞到金字塔顶端只需一瞬间，而蜗牛则需要爬很久很久。或许它们一辈子都无法到达，或许爬到一半就掉下来，不得不重新开始。蜗牛之所以能够爬上金字塔，就是源于坚持。但是，只要蜗牛爬到顶端，它所到达的高度和看到的世界就和雄鹰一样。

孩子，在这个世界上，我们大部分人不是雄鹰，但我们依然可以为了自己的目标不断努力坚持，总有一天，我们会登上自己的人生巅峰。

03

有过登山经验的人都知道，若要感受“一览众山小”的雄伟，就必须拥有“会当凌绝顶”的精神。若想攀登人生高峰，就必须付出努力和坚持。没有雄鹰的心，可以拥有蜗牛的坚忍；没有雄鹰的天赋，可以拥有蜗牛的毅力。只要我们拼命奋斗，永不停息，最终都可以留下令自己感动的经历。

蜗牛登上金字塔顶，靠的是不急不躁，专注前行。它们走过的每段路，都洒下了汗水，留下了痕迹。到达金字塔顶对蜗牛来说如此艰难，需要饱尝风雨侵蚀、烈日暴晒。若安居于自己背上的家，蜗牛完全可以无忧无虑，悠闲自在地度过此生，但若选择攀登塔顶，那蜗牛的一生将注定不凡。

站在金字塔顶上，蜗牛和雄鹰看到的是一样的风景。蜗牛虽小，但它的灵魂却比雄鹰还要伟大。蜗牛登顶，那一路的艰辛和永不放弃的精神，感动着每一个人。只有蜗牛才配得上金字塔顶的墓碑。

孩子，如果你不能成为雄鹰，那就做一只永不言弃的蜗牛。今后既要有雄鹰的矫健，又要有蜗牛的坚忍，这样一定会实现你心中的梦想。

别人嘲笑的不是你的失败，而是你的一蹶不振

孩子，人生没有永恒的失败，只有暂时的挫折。过去不等于未来，泪水不代表失败，微笑也不意味着成功。当你在学习和生活中跌倒了，别人嘲笑的不是你的失败，而是你的一蹶不振。

01

女儿自从升入中学后，就开始变得心事重重。

有一次，我去接她，一走出校门她就开始跟我唠叨："这下完了，考试考砸了。妈妈，你知道吗？试卷发下后，我简直不敢相信眼前的分数，我真希望自己是在做梦，但这又是无法改变的，那鲜红的数字张大嘴巴，仿佛在嘲笑我总是考不好。"

我边走边安慰她："中学和小学不一样，学习课程、课后作业、考试次数都会不断增加，没有压力是不可能的。一次考试失利算不了什么，你要多从试卷和自身找找原因，避免下次再犯同样的错误。"

女儿低着头说："这次考试前没有复习，总想着靠运气，没想到运气太差，还粗心大意。"

看她知道反省，我也没再说什么。

考试凭借的不是运气，就像比赛一样，只有坚持不懈地努力才能取得理想的成绩。学习也是如此，不能仅靠聪明，还需要有坚持不懈的精神。

回家后，我对她说："考试中一次失利不算什么，只要继续努力，就一定会收获成功。阳光总在风雨后，只要你没有因此而放弃，失败就不可怕，放弃希望才是最可怕的。"

孩子，无论是考试，还是做其他任何事情，一次失败并不算什么，相反它是在鼓励你勇敢向前，鼓舞你坚持不懈，激励你向失败发起新的挑战！

02

我记得看过这样一则寓言故事。

两只青蛙在觅食的过程中，不小心掉进了路边的牛奶罐中。虽然罐子里的牛奶并不多，但对它们来说，也算得上是"灭顶之灾"了。

一只青蛙想：这下全完了，这么高的牛奶罐，我是跳不出去了，于是很快就消沉下去。

而另一只青蛙并没有沮丧，它不断地鼓励自己：既然上帝给了我坚强的意志和发达的肌肉，我就一定能跳出去。它鼓起勇气，鼓足力量，一次又一次奋起跳跃，即便跳不出去，也没有一蹶不振，生命的力量展现在它每一次的搏击和奋斗中。

不知过了多久，它突然发现脚下黏稠的牛奶变得坚实起来。原来，由于受到不停的震动，液体状的牛奶已经变成奶酪。坚持不懈的努力终于见到了成效，它轻盈地跳出牛奶罐，回到了池塘，而那只消沉的青蛙却永远留在了罐子里。

这则寓言故事告诉我们：失败只是一个过程，并不是最终结果；只是一个阶段，并不代表全部。如果你正在经历失败，那么恭喜你，你正趋于成熟。

孩子，如果一个人从未遭受过失败，那么他一定什么事都做不好。因为没有失败，就没有成功的体验。在人生的道路上，失败是不可避免的，如果你在失败中一蹶不振，你只能成为一名失败者。如果你足够坚定，相信自己，勇于在失败中奋起，那么注定会取得成功。

世界上最大的打击就是认为自己没用。你都放弃了自己，更不要渴望别人会重视你。遭受挫折时不要丧失信心，因为每个人都有变强的可能，每个人都能创造出奇迹。

失败不是谈资，更不是嘲笑别人的借口。

愿你的坚持不负正确的方向

有人说，人生最重要的不是所站的位置，而是前进的方向。人生没有方向是件可怕的事。然而，一个错误的人生方向，比没有方向更加可怕。

孩子，你正处在人生的起步阶段，在每一个路口，心中都应该有正确的方向，因为正确的方向能让我们事半功倍，而错误的方向则会让我们误入歧途。坚持正确的方向，才能到达成功的彼岸，看到生命中的彩虹。

01

我曾经在一本杂志上读到这样一个故事。

一对师徒正在路上行走，徒弟发现前方有一块大石头，于是他就皱着眉头停在石头前面。

师父问他："为什么不走了？"

徒弟苦着脸说："这块石头挡着我的路，我走不过去了，怎么办？"

师父说："路这么宽，你怎么不绕过去呢？"

徒弟回答道："不，我不想绕，我就要从这块大石头前过去！"

师父说："你能做到吗？"

徒弟说："我知道很难，但是我就是要直接过去，就是要战胜这块大石头！”

经过艰难的尝试，徒弟一次又一次地失败了。

徒弟很痛苦：“我连这块大石头都不能战胜，还怎么完成我的伟大理想呢？”

师父说：“你太执着了，对于做不到的事，不要盲目地坚持，你要知道有时坚持不如放弃。”

在五彩缤纷、充满诱惑的生活中，每个孩子都有自己的梦想和追求。经验告诉我们：坚持没有错，但不要在错误的道路上执迷不悟。

人生就是一个不断选择的过程，选择对了，便能扬帆远航；选择错了，势必会南辕北辙。尤其是当追求的目标根本不可能实现时，果断地放弃也是一种明智的选择。

02

有句歌词是这样写的：每天站在高楼上，看着地上的小蚂蚁，它们的头很大，它们的腿很细……

虽然蚂蚁是一种很小的生物，但它们身上却折射出了很多人生哲理：团结合作，精进有序，坚忍不拔……

有一次，我带女儿到楼下散步。由于刚下过雨，地上有一汪积水，这对地上的蚂蚁来说，应该算得上是“大江大河”了。女儿从小就喜欢观察蚂蚁，于是她找来一块面包，放到积水的一侧，也就是说，两只小蚂蚁只有过了“河”才能享用到美食。

一只小蚂蚁要过“河”，一只小脚刚进入水中，整个身体就漂了起来，只见它游啊游。再看另一只，它环顾四周，决定绕过这条“河”。它很聪明，选择了避开一时难以克服的积水，绕道行走。于是，没多久，这只蚂蚁就绕过积水来到面包前，开始享用起来，而之前的那只蚂蚁还在水中打转儿。

第一只蚂蚁因为没有看清前进的方向，掉进了水里，这是情有可原的。第二只蚂蚁发现了这个问题后，迅速调整了前进的方向，终于达成了既定目标。蚂蚁为什么懂得绕道而行呢？这也许是天性使然。

孩子，在人生旅途中，绕道只是为了避开一时难以克服的困难。绕道而行的目的是继续前进，虽然有些迂回曲折，但追求的目标依然存在。

在现实生活中，迎难而上的精神固然可贵，但不向困难低头并不等于一味蛮干。面对困难挫折，我们既要不畏惧、不屈服，也要视具体情况具体分析。只有选择符合实际的、科学的、可行的方式方法，才能尽早取得成功。很多时候，成功除了坚持不懈外，还需要有正确的方向。选择一个适合自己的方向，成功也许会来得比想象得更快。

庸庸碌碌不去追求，自然没有成功的机会。不了解自己，不寻找适合自己的方向，即使很努力，也难以成功。对于上文中的蚂蚁来说，“对岸”的面包就是理想，怎样最快地享用到面包，选择正确的方向比盲目地努力更重要。坚持、努力与奋斗是成功的基石，而正确的奋斗方向则是成功的桥梁。

孩子，对于一件事情，如果我们百般努力却仍无法取得成功，那就不要一味坚持，选择放弃或换一种方式，往往会给你带来新的契机。盲目坚持是不可取的，它不但不能引领我们走向成功的彼岸，还可能使我们与最初的梦想背道而驰。

03

有人在海滩游泳时，突然发现海水变得混浊起来。这时，他双手开始发软，感觉没有力气继续划动。在生死攸关的时刻，他脑海里有两个信念支撑他继续游下去：一是坚信自己的方向，一定要往岸上游；二是保持呼吸顺畅，不要呛到水。

后来，他成功地游到了对岸，并悟出了受用一生的人生哲理：只要方向对，并付出努力，就一定可以成功。

在人生路上，我们拼命地坚持前行，不是为了别人，而是为了能够遇见更好的自己。你能成为什么样的人，并不在于你的出身多么高贵，而在于你有多少学识，走过多少路，遇过多少人，以及你是否为自己的梦想努力坚持。

有一句话说得特别好：

> 认定了方向，就努力坚持，如果发现不对，立即掉头，朝着正确的方向去前进。

对于人生的不同选择，只要认定了，就要给自己一个成功的机会。趁着年轻，走正确的路，做正确的事，愿你的坚持不负正确的方向！

坚持正确的方向，去努力拼搏。

第四章

只有拼出来的优秀，没有等出来的辉煌

不可否认，汗水与泪水往往伴随拼搏而来。

优秀的人从不挥霍青春，更不会在该拼搏的年纪选择安逸。

正如那些成功的花，你只惊羡它现在的明艳，

却不知道当初它的芽儿浸透了奋斗的“泪”，洒遍了牺牲的“血”。

没有积累的你，拿什么去拼

俗话说，条条大路通罗马，但是有的人一生下来就身处“罗马”。当你感慨命运不公时，“拼爹妈”的时代登场了。生在普通家庭的孩子，想要突破阶层限制，唯有努力拼搏。

01

女儿上五年级时，有一次，我在临睡前发现她屋里的灯还亮着，便过去看。只见女儿皱着眉，正端坐着抄写英语单词。

我问：“这么晚了，你怎么还不睡？”

女儿气哼哼地说：“今天听写时，错了几个单词，老师罚我把每个单词抄写五十遍，还有一百个就抄完了。”

“怎么还写错了呢？”我接着问道。

女儿一翻白眼：“没有好好背呗。”

我边往外走边说：“别埋怨了，快点儿写完睡觉。老师也是为你好，希望你能认真学习，不要偷懒。”

女儿把书一推：“妈妈，学习好苦呀，还是你们大人好，只要每天上班就行，你看我上学，好累呀。”

我摇头苦笑，难道大人们真的轻松到“每天上班就行”吗？

02

在我眼中，读书不是唯一的出路，但是读书却能为未来增加筹码。现在所有的努力，都只是为了在未来拼搏时，能够拥有更多的选择。

这让我想起亲戚家的孩子梓轩。上高二时，他不爱读书，总是逃课。他逃课不是为了去网吧玩游戏，他宁肯坐在操场上发呆，也不愿意回教室上课。

班主任多次与他沟通无果后，决定给他放个长假。谁知梓轩却说：“我正不想学，读书有啥用！”梓轩的爸爸听到这话非常生气，从没动手打过孩子的他，第一次动手打了梓轩。

有一次，我带女儿回老家，遇到梓轩的爸爸。一向少言寡语的他，那天跟我说了很多话。他说：“现在的孩子还是不爱学习，哪比得了我们小时候，巴不得去上学。我那时特别羡慕能读书的孩子，有时见人家小孩儿上课，还偷偷儿趴在窗边听呢！你是学教育的，我想请你帮我开导开导他。不要让他像我一样，长大以后出去做苦力……”

我听得很是心酸，不知该说些什么。在有些孩子心中，学习是没用的，不如趁早出去打工，还能减轻父母的压力。

我带着女儿在亲戚家等梓轩。几年不见，梓轩又长高了，变成大人模样了。寒暄了几句，我问他：“为什么不喜欢上学呢？”

他说：“上学又花钱又辛苦，跟我要好的同学早就不上学了，现在跟着他叔叔做生意，都开始赚钱了。没准儿等我毕业，他赚的钱都是我工资的好几倍了。我干吗还在这儿学习，浪费时间呢？”

我对他说："你同学有个做生意的叔叔，你有吗？做生意需要资金，你有吗？你现在连书都不想读，将来拿什么去拼呢？"

他默默地低着头，一言不发。

03

著名篮球运动员姚明曾说："读书是读给自己的，不是读给大家看的；学习是为了更好地充实自己，所以我有很强的动力。"

知名演员胡歌曾在一篇题为《照镜子》的文章里写道：

> 车祸创伤了我的容貌，也冲击了我的内心。每次当我战战兢兢拿起镜子的时候，我都渴望能在镜子里寻找到勇气和力量。镜子的语言简洁而充满了智慧，除了我自己，没有人能够让我真正重新站立。如果皮囊难以修复，就用思想去填满它吧。

此后，胡歌一直保持着阅读的习惯，无论走到哪里都会带着书。他说，在那段最消沉最无助的日子里，是阅读让他找到了活着的意义。阅读让他的心得到沉淀，也充实了他的思想。带着出演的《伪装者》和《琅琊榜》，他终于又一次出现在大众的视野里。

当才华撑不起梦想时，安静读书；当前途迷茫时，刻苦读书。当你读懂书中的别人时，也会找到本真的自己。孩子，你要明白，在该读书的年纪，要不遗余力地去读书，将来才会在竞争激烈的社会中拥有一席之地。

不去拼一把，怎么知道自己不可以

人生之路，机遇与挑战并存，成功与失败相连。在追求成功的路上，我们不一定能看到美丽的风景，但我们完全可以拥有一个美好的心境，去努力，去追求，去尝试。你都不去拼一把，怎么知道自己不可以呢？

01

经常听别人说：你不去拼，怎么知道自己不行；你不去争，怎么知道自己不能；你不去尝试，怎么知道自己没胆量。可真的需要你去拼、去争、去尝试的时候，你可能又会默默地退缩。

我读大学的时候，有一个舍友，她的家境很好，还没毕业，父母就给她找到了一个待遇不错的事业单位的工作，曾令我们无比艳羡。谁知这个舍友并没有接受父母的安排，而是拼命地考雅思，准备出国留学。

我问她为什么选择出国留学，她告诉我："我不想一辈子生活在家人的保护下，想去外面的世界闯闯；不想守恒，想要突破，想让自己的人生充满激情，而不是像现在这样一成不变，犹如一潭死水；我想趁年轻的时候去拼一把，无论输赢都无憾。"

她眼神中的坚定之色，不断地在我心中蔓延，我知道天生家庭条件优渥的她，本不需要如此努力奋斗就能获得安逸的生活。可她没有选择安逸，执着地选择了去拼搏。

不久后，舍友去了加拿大，我的生活一如往常，但她的经历深深地感染了我。人生的路有多种选择，不尝试怎么知道哪一种才是适合自己的？

02

综艺节目《演员的诞生》让章子怡大火了一把，她是一位十分敬业的演员。

李安在回忆章子怡拍摄《卧虎藏龙》的情景时说："她头一次吊钢丝时可把我们吓坏了，她的反应跟别人不同。一般人快要撞墙时，都会本能地伸手保护自己，她不是，她是脸往墙上撞。在拍竹林那场戏时，章子怡在竹尖上被周润发一脚踢下来，整个人头朝下往下掉，脚上绑着钢丝，快要落地时，工作人员才把她扶住。当时章子怡妈妈正好来探班，看到这场戏，当场就吓哭了。"

后来章子怡成了国际知名演员，但她并没有因此而骄傲自满。在接拍电影《一代宗师》时，她还是一招一式地苦练八卦掌。后来在采访中，章子怡说，表面看起来她得到的一切是幸运，但实际上，在她身上发生的事情未必会在我们身上发生。因为就算我们有这样的机会，也未必会像她一样付出那么多。

很多时候，我们在综艺节目中看到明星光鲜亮丽，却忽略了他们背后付出了常人难以想象的努力。在这个世界上，谁不是一边撑不住，却又一边努力拼到最后呢？

03

孩子，当我们看到运动员在竞技场上赢得奖牌时，你是否明白鲜花与掌声的背后，其实是汗水与泪水呢？

拳王邹市明曾坦言，他做拳击手多年，手经常会麻木，运动强度过大后还会失眠，比赛前，可能好几个晚上都睡不着。这些都是运动员要面对的现实，他也不例外。

我们知道，拳击比赛是很残酷的，因比赛致残，甚至丧生都不无可能，更不要说被打伤，经常满身满脸都是血。可邹市明却平静地说，这是拳击台上的一部分，不管是他的血还是对手的血，都要接受。

孩子，也许你无法理解，无数的体育健儿为了自己的理想会付出一身伤病，甚至生命。但你要知道，在这个世界上，你无法选择父母，无法选择家庭，你却可以选择拼搏。当你为了理想努力拼搏时，你的人生才会出现最美的风景。

04

孩子，天空是否辽阔，只有跃升空中才知道，旁人无法帮你看清，而能给予你飞翔力量的只有你自己。

面对困难时，只要你放手去做，勇敢迈出第一步，你就已经成功一半了。永远都不要做一个只会说的人，一定要去做。只有当你去做了，去拼了，你才会清楚地知道自己的力量究竟有多大。

生活中的每一个绝境都是一次挑战、一次机遇，如果你没有被吓倒，而是寻找良机，奋力一搏，也许你会因此创造奇迹。

愿意苦一阵子，就不会苦一辈子

每个人都向往美好的生活。当你觉得生活很苦时，请坚持一下，选择拼搏。你可能会再苦一阵子，但如果放弃，你将会苦一辈子。

要相信，小时候吃过的苦，终将会在你长大后化为对你的回报。

01

每到假期，我都不由自主地焦虑。女儿每天都在成长，一眨眼就变成大姑娘了。她时而娇气时而倔强，时而吵闹时而温顺，让人难以捉摸。

有一天吃晚饭时，我和我先生商量："明天陪我去逛街吧，我想买几件新衣服，买完了我们去吃好吃的，顺便一起看场电影。放假了，每天都在陪孩子做作业，都没自己的生活了。"

女儿在一旁听了特别不高兴："妈，你们能不能不要当着我的面秀恩爱呀？你们倒是轻松了，你们知道我每天学习有多累吗？"

我扭头对女儿说："乖女儿，妈妈愿意陪你读书，也知道你很累，但你现在正是努力学习的年纪。爸爸妈妈小的时候，也和你一样。"

在学生时代，你觉得读书苦，走入社会后，工作就不累吗？你在该学习的年纪，如果选择了安逸，当你需要知识的时候，安逸就会变得不堪一击。

孩子，若不想苦一辈子，就要先苦一阵子。现在学习阶段的苦，在将来都会化作生活的甜。学习是熬出来的，生活亦如此。

02

我认识一个很能吃苦的孩子，他从农村出来，在城市里做销售员。那时的他没学历、没人脉、没资金，只有一双不怕累的腿。销售靠的就是嘴和腿，但他嘴笨，所以只能靠腿。

于是，他天天在街上跑着发传单，看到有意向的客户就学着其他销售前辈的样子，热情地邀请人家到店里去咨询、了解。刚开始的确很难，发出去一堆传单，却得不到一个回应。

第一年他几乎没多少业绩。那时的他很想放弃，他心想：这么辛苦都没有收获，还不如回老家种地。但又觉得农村的孩子连种地那么苦的活儿都不怕，还有什么可以难倒自己的呢？今年苦，说不定明年就甜呢！他就这样一遍遍安慰自己。

于是他咬牙坚持下来，继续做好基础工作——邀约客户。只不过他不像之前那样傻乎乎地发传单了，而是开始恶补业务知识，学习业务技巧。慢慢地，他发现销售其实并不难。随着他不断学习，充实自己，工作起来也越来越得心应手。

到了第二年，他开始有了稳定的客户；第三年，他组建了自己的销售团队，还当上了区域经理；五年后，他成了业内知名人士。

回想这些年的经历，他感慨道："每当我走在繁华的街道上，我都觉得美好不属于我。我生活在城市的底层，很苦很累，但就这样默默地放弃我又有些不甘心。如果当时我真的放弃了，那么我的人生很可能就永远停留在那个'苦'的阶段了。"

03

怕吃苦，有可能吃一辈子的苦；不怕吃苦，则可能会换来半辈子的甜。

如果现在的你正处在半山腰上，相信自己，坚持下去，即便流汗、流泪也要继续向前。因为机会不会再来，虚度的少年时光不会再来。

孩子，读书是最平等的机会，如果你放弃了，接下来你需要更大的付出。如果你不想苦一辈子，那就先苦一阵子，现在有什么样的付出，将来你的人生就会呈现出什么样的风景。

你所憧憬的美好未来，必须依靠现在的努力拼搏。

读书只会苦一阵子，不会苦一辈子。

别在该拼搏的时候选择安逸

当你站在学习的三岔路口，迷茫，彷徨，不知该向左还是向右时，你要明白此时的你正处在学习拼搏的阶段，此时正是你人生最美的时光，别在该拼搏的时候选择安逸。我们所付出的努力，都是这辈子最清晰的印记。你把自己定位成什么样子，并朝着这个目标一直努力，你就会变成什么样子。

01

考上名校是莘莘学子梦寐以求的事，可当你踏入名校时，你会发现，周围的人都有他们的焦虑与不安。他们清楚地知道，即便拿到名校入场券也不意味着就能安稳地过好一生，反而需要更加努力。

这段话是好友莪芹的感慨，她可是当年轰动全校的一匹黑马，一路拼搏考上北大，不知令多少同学羡慕。

后来，莪芹告诉我，名校不愧是名校，自己随时随地都可能被各路“大神”秒杀。看似学习不怎么用功的同学，可能获得过各大数学奖项；看似不着边际的同学，可能好几门语言都考过级了……

她说那种失落感、自卑感贯穿了她四年的大学生活，她没有一刻不在怀疑自己。初次求职碰壁时，她给我打了一通电话。她在电话那头焦虑不已，觉得自己什么都做不好，做什么都没有用，四年来无时无刻不是战战兢兢，从未懈怠过。

现在回想起来，可能她最怕的不是和别人比较，而是害怕自己付出了努力，却不能得到回报和认可吧！

如此看来，名校并不是人生的“安逸窝”，而是更需要拼搏的“高级殿堂”。如果你在此时丧失斗志，选择安逸，将来只会一事无成。

02

前段时间浏览知乎网，看到这样一个问题：清华、北大的同学毕业后有什么与众不同的地方？

关于这个问题，有一个有点儿令人伤感却又很现实的回答：我们很多人一生之中最大的成就，可能就是考上了名校这一件事而已。

离开学校后，没人在乎你从哪里来。你之前所有的积累，只是获得了一个较为优越的平台，新的目标与要求需要你重新开始。

你考上了名校，毕业后如果发展得好，别人会认为这是你应该的；而如果发展得不好，名校就成了一根悬在你背后的刺，时刻提醒着你要努力，不要贪图安逸。

还有一位网友的话深深触动了我，他说相对于过去依靠某些特质取得的成功而言，如何长期拥有这种能让你脱颖而出的特质显得更为重要。优秀的是你这个人，而不是贴在你身上的标签。

即使你出生在普通家庭，没有过人的才智和较好的运气，或许一辈子也不大可能实现逆袭，但只要你在该拼搏的时候竭尽全力，尽自己所能冲破阻碍，就会成为更好的自己。

不拼搏，你有再好的条件也没有用；即使做什么都不够好，但只要你从未放弃拼搏，可能在某一天，成功就会眷顾你。

老天是公平的，你付出了多少汗水，就会得到多少回报。别在该拼搏的时候选择安逸，没有谁的青春是在红地毯上度过的。既然有梦想，那就去拼搏。选择一条属于自己的路，为了到达终点，尽自己所能付出努力。

03

电视剧《小别离》曾一度引发社会思考，直击现实痛点：面对国内的升学压力，一个个初中生不得不踏上远渡重洋之路。而有些小留学生漂洋过海，不是为了接受更好的教育，也不是为了镀金，而仅仅是为了逃避国内激烈的升学竞争。

当我们和孩子因为升学压力而焦虑时，国外的孩子难道就像我们想的那样轻松吗？

大错特错！事实上，考大学特别是考名校的压力在多数国家都存在。

我有一个好朋友，十多年前定居美国。他女儿珍妮是一名高中生，每天早上六点起床，然后到离家几十公里的游泳中心集训，两小时后赶回学校，下午还要连续上四节课。

珍妮从小学三年级开始学习游泳，从一个不喜欢玩水的小女孩儿到获得了州青年游泳比赛冠军、全美大学生游泳锦标赛第三名。中学时珍妮一直是学校游泳队的队长。

虽然有骄人的成绩，但随着大学入学申请季的到来，为了得到更多的进入常青藤盟校的机会，珍妮还要不断拼搏，每天进行高强度训练，为自己增加更有力的筹码。

下午的课程不同，每节课都在不同楼层的教室，中间只有五分钟间隔，所以每当下课，珍妮都要背着书包一路小跑奔向下一间教室。

有时由于耽误了上午的课程，吃过晚餐后，她便会一头扎进自己的房间学习。有时她会苦读到凌晨两三点。

孩子，从古到今，从国内到国外，没有哪个成功人士是在舒服安逸的生活中度过的，也没有哪个平庸的人能真正过上安逸的生活。进名校、出国留学绝非挑战的结束，而是开始。

孩子，你不努力奔跑，没人给你撑伞；你不坚强，没人替你勇敢；你不努力，没人给你想要的生活。所以，孩子，别在该拼搏的时候选择安逸。

04

我们在羡慕别人光鲜亮丽的外表时，也应该看到他们背后努力奋斗的样子。别人奋斗时，你却选择安逸，不想付出，不想前进，是你消磨了自己拼搏的动力。

也许，你身边总有一些同学不停地抱怨学习有多苦，总想着未来太遥远，没有属于自己的一片天。因为很多人都太容易被眼前的小事困住，荒废了时间，选择了安逸。正值青春年华，要对自己狠一点儿，多努力一点儿，多奋斗一下，不要在将来徒增伤悲。

学霸之所以被称为“学霸”，是因为他们拥有别人难以企及的拼劲儿。他们知道自己想要什么样的生活，所以选择并接受残酷的拼搏方式，他们付出了别人无法尝试的努力，所以取得了如今的成绩。

孩子，你要记住，任何好成绩都离不开你点点滴滴的努力，因为你永远都无法借助别人的翅膀飞向自己的天空。

就像诗人纪伯伦说的：

> 我们已经走得太远，以至于我们忘了为什么而出发。

每天沉溺于安逸，会使人逐渐丧失拼搏的动力，即使偶尔记起心中那似曾相识的目标，也常常不敢再去拼搏，以至于多年后只能念着“理想很丰满，现实很骨感”，开始痛恨当初的安逸！

拼搏会让你越来越好

生命的价值从来不在于我们生得如何，而是我们拼得如何。每个人的心中都有一片海，自己不扬帆，没人帮你起航。人生只有拼出来的优秀，没有等出来的辉煌。

01

有天晚上我下楼散步，遇到邻居，她上来便问我家孩子暑假报的什么兴趣班。我说孩子一直在学画画儿，今年毫无疑问还是学画画儿。她说她想让孩子学钢琴，不知该选择哪家培训机构，有位老师教得很好，但是离家太远，担心没时间接送，再加上孩子好动，静不下心来，又担心学不好浪费钱……

邻居一口气说了一堆顾虑，最后一脸茫然，很纠结地问我该怎么办。但是她又自言自语："等等吧，看孩子对什么感兴趣，然后再决定学哪个吧！"

我在前文《不要将你的兴趣，变成一时兴起》中提到，有时候并不是孩子不喜欢、不想学，只是家长很纠结，想让孩子学这个、学那个，却又担心孩子只是一时兴起，怕浪费时间，想来想去却没有行动。

当别人家的孩子站在舞台上自信地表演时，自己的孩子只能在台下露出满脸的羡慕。于是你开始回忆，当初本想让孩子和她们一起学舞蹈的，这样多好，还有个伴儿，可是由于各种顾虑，耽误了孩子，最后没学，后悔也来不及了。

没有对比就没有反省，一直纠结等待，会错失很多机会。只有让孩子主动学习，被拼搏的氛围所感染，他才会努力地坚持下去。有句话说得好：等待很重要，但不要让无尽的等待错过良好的时机。人生只有拼出来的优秀，没有等出来的辉煌。

02

电影《战狼 2》的火爆不仅是因为题材好、宣传好，更是因为这部电影是吴京导演用生命拍的，所以感动了很多人。

影片开头有一段 6 分钟水下打斗的镜头，吴京为了拍出最好的效果，拍了 26 次，每天在水里泡 10 多个小时，险些丧命。他这种“拼命三郎”的精神，令观众肃然起敬。

同时，吴京在《开讲啦》栏目中说，为了拍摄《战狼》，他在部队前后待了两年，忘记了自己是个演员，每天和士兵们一起摸爬滚打、实战学习。在这两年间，他学习了各种军事技能，如武装泅渡、潜水、跳伞、射击、格斗等，为拍摄《战狼》奠定了坚实的基础。

我们知道，吴京从小就有一个武侠梦。他 6 岁开始练习武术，17 岁获得全国武术比赛枪术、对练冠军，21 岁在师傅吴彬的推荐下拍了第一部电影《功夫小子闯情关》，之后拍了军事题材的电影《战狼》《战狼 2》，如今他已火遍全国。

在接受媒体采访时，吴京说：

> 作为一个演员，作为一个行业者，你得积攒自己的本事，无论是骑马、开车都要学，因为以后它是你的资本……而且这些东西以后用起来的时候，它不能形成你的阻力，而是要形成你的助力。

他之前打拼的基础，在《战狼2》中全部用上了。影片中的许多镜头都是真实拍摄的，而非特效做出来的，不是花拳绣腿，一招一式都是真实的。而且他不使用替身，这也正是影片火爆的因素之一。

要想人前显贵，必得人后受罪。只有熬过黎明前的黑暗，才能迎来曙光。

03

法国作家莫泊桑创作的短篇小说《羊脂球》，想必许多人都看过。

莫泊桑曾默默无闻坚持写作十余年。刚开始写作时，他很不自信，定期将自己的作品寄给福楼拜，并拜他为师。他想着将自己的作品寄给老师，让老师批阅、修订，会使自己快速提升。可谁承想，福楼拜收到信件后，并未拆开，而是原封不动地将其寄还给莫泊桑。这让莫泊桑有些摸不着头脑。

有一次，他去拜见老师，忍不住问道："为什么您对我寄出的作品不做点评呢？是我写得不好，还是您就没看？"

福楼拜听了，笑笑说："你说对了。说实话，你寄给我的作品我没看过。不是因为我忙，也不是你写得不好。从今天起，你努力去写就是了。十年后，你的东西，我一定会认真地看，并给出修改意见。"

莫泊桑听了老师的话，并没有气馁，他知道，梅花香自苦寒来，当自己的能力还撑不起写作这个梦想时，只能静下心来努力学习。现在自己能做的就是勤奋写作，积累素材。

之后他一直不断地写作，也一如既往地寄给老师，但信件还是原封不动地被寄回。他收到稿件后，从不拆开，因为他知道里面没有他想看的点评。直到十年后的一天，福楼拜收到莫泊桑写的短篇小说《羊脂球》，并对他说："这篇可以拿去投稿，应该能够发表。"

于是，莫泊桑将《羊脂球》投了出去，该作品发表后获得了空前的成功，他也一举成名。此后，他的短篇小说频繁问世，被誉为"短篇小说之王"。

“拼”并不是让自己头破血流，也不是让自己汗流浃背。有时候等待也是一种“拼”，它是在拼耐力、拼耐心。当你达到一定境界时，自会优秀，自会卓越。

内心平静，芳香四溢。

你只看到别人的成绩，却没看到背后付出的努力

没有人知道努力过后会成就怎样的自己，但可以肯定的是：每一次坚持，每一次探寻，每一次带着眼泪向前奔跑，都会给你的人生带来转机。有时候你只看到了别人的成绩，却没看到别人背后付出的努力。

01

我记得小时候，班上有一位同学不好好儿读书，不仅跟人打架，还总是和老师抬杠。

他每天上课睡觉，下课胡闹，时不时地逃课、打架、玩游戏，还煽动全班同学罢课，就像一个“黑社会老大”，专门与老师对着干，成绩在班上是倒数第一。

可是后来发生的一件事，彻底改变了他，让他开启了学业的奋斗之旅，并最终踏上了逆袭之路。

那次，他与隔壁班学霸发生争执，被班主任叫到办公室训话。他看着“书呆子”似的学霸，故意哈哈大笑起来，以表示对他的不屑。

这时班主任对他说：“你以为嘲笑别人很酷吗？自己的成绩倒数第一，别人不知道在心里已经嘲笑过你多少回，只是别人不说罢了。”

或许老师的话，让他的自尊心受到了“伤害”，刺激着他“洗心革面”，使他开启了努力拼搏之路。

自那以后，他没日没夜地复习、做试卷，晚上挑灯夜读到深夜，第二天一早又早起开始晨读，不仅是为了不被别人嘲笑，也为了让别人高看自己一眼。

第一次月考，他的成绩进了全班前十名，后来越来越好，大小考试都是前三名，这个纪录一直保持到毕业。

其实，逆袭之路不仅仅是取得让人羡慕的好成绩，还要付出别人看不到的努力。正是这段经历，让他明白了努力奋斗的意义。

02

我很喜欢看《最强大脑》这个节目，其中有一期令我记忆深刻。那位风度翩翩、有实力、有颜值的选手让人羡慕不已。

他就是澳门富豪何鸿燊最小的儿子何猷君。在《最强大脑》节目的“数字华容道”环节，何猷君仅用了21秒就以第一名的成绩完成了比赛。而在“层叠消融”环节，当大家埋头苦战时，他只用了1分10秒就率先完成了比赛。他两轮得第一，直通30强，成功晋级。

刚开始，我以为何猷君的成功主要得益于他的家庭，后来经过了解才发现，他的成功与他的付出密不可分。何猷君从小就非常努力，17岁那年同时被剑桥大学、耶鲁大学、斯坦福大学、麻省理工学院等多所世界著名院校录取。最终他选择了麻省理工学院，并提前一年读完了本科课程，而后考取了麻省理工学院的金融硕士学位，是当时麻省理工学院最年轻的硕士之一。

在何猷君的身上，我们只看到了他的光芒，却没有看到他背后付出的努力。他经常学习到凌晨三四点，有一次甚至连续在图书馆“住”了5天。读本科时每学期别人选4门课程，而他选8门，只为了用100%的努力做更好的自己。

03

有人说，优秀不可怕，可怕的是优秀的人比你还努力！

郎朗是我国著名的钢琴演奏家。他3岁开始学习钢琴，通过自己的努力和父母的督导，钢琴水平不断攀升。到7岁上小学时，他练琴的时间逐渐形成规律：

> 早晨5:45起床，练琴1小时；
>
> 7:00上学，中午回家，吃饭15分钟，练琴45分钟；
>
> 放学后，练琴2小时，吃晚饭；
>
> 晚饭后，练琴2小时，写作业。

一天下来，郎朗有将近6个小时在练琴。节假日和寒暑假还要加倍练习，每天的时间几乎全部被钢琴占据。他说小时候他很喜欢看足球赛，但练琴是他每天的主要任务，每次球赛看到一半，他就得去练琴。

1995年，13岁的郎朗以公派的身份去日本仙台参加柴可夫斯基国际青少年音乐家比赛。比赛期间，他抓住点滴时间刻苦练琴，中午休息时也不离开琴房，有时实在累了，就躺在地板上稍微睡一会儿。功夫不负有心人，最终他以第一名的优异成绩为祖国争得了荣誉。

郎朗学钢琴还有一个好习惯，就是每天上学路上都会把老师昨天教的曲子在心里回顾一下，上课时就能流畅地弹下来。他视钢琴为知己，更懂得

“知己”需要什么，需要他怎样来演奏。

郎朗曾说：

> 没有勤奋就没有一切！至于天才，我将其理解为一种无限的伸展性，也许一个人只要具备一丁点儿天才就可以扩展成很大。

郎朗在钢琴领域获得的荣誉，与他背后付出的努力密不可分。他努力坚持，虽然生来就有音乐天赋，仍不放弃后天的努力，这也是他成功的原因之一。

孩子，当你感叹别人的成功时，也要明白他人背后付出了努力，那才是最值得你去学习的。人生的路途中从来都不缺风景，只要你肯努力，随时都会遇见更好的自己。

成功与荣誉离不开背后付出的努力。

将来的你，一定会感谢现在拼搏的自己

如果错过了美好的昨天，那就不要再错过今天。你每天努力学习，但成绩还是一般，那也不要对自己失去信心，不再相信努力的意义。你要相信，生活不会亏待每一个努力向上的人。总有一天，你的努力会获得回报，你想象的未来会在你脚下变得更通透。华丽的跌倒，胜过无谓的彷徨，将来的你，一定会感谢现在拼搏的自己。

01

女儿很喜欢演员江疏影，我也很喜欢她。她人美，脾气好，有实力也有颜值。

她在《说出我世界》节目中分享了一段不为人知的“血泪史”。她向大家讲述了那段为学英语而努力拼搏的故事。

“自己选择的路，跪着也要走完。”这是她为学英语对自己许下的承诺。在学习英语的路上，她说：“我从一个一个单词开始背，为了练习听力，每天早上八点半上课，我七点就起来。为了说好口语，我找了一家餐厅去打工。我和我妈讲的时候，我妈都觉得我去做服务员很不可思议。”

虽然付出了如此巨大的努力，她的英语水平还是没有得到提升。她回忆起当时的情景："我回到房间就开始撕书，一边撕一边哭，哭完了又把撕了的书拼好，再去听，继续学。"

而现在，如此优秀的江疏影，回忆起那段痛苦的经历说，她很感谢那段经历，正是那段经历造就了现在自信的她。

是呀，人生没有随随便便的成功，那些头顶光环的成功人士，谁没经历过一番摸爬滚打呢？其中的艰辛，只有自己能体会。

02

有一次，我在候车大厅等车时听到对面的小姑娘边打电话边哭，她说："妈，对不起，本来想找到工作后才回家的……"她蜷缩在座位上，极力压制着自己的哭声，最后她说："但是我尽力了。"

这一幕让我想起之前看过的一篇文章，大概意思是，不再相信努力奋斗的意义。难道努力奋斗就是为了赚钱吗？

这个问题又让我想起了那个日夜颠倒做设计的朋友。有一天晚上，她发来自己设计的封面，还没等我给她提建议，她就说："不行，我还得再改改。"其实我觉得已经很好了，可是她总不满意。第二天中午，她把改好的设计图发给我看，然后电话那边她突然长叹了口气："你说我这样日夜颠倒，这么忙碌，到底是为了什么呢？"

沉默了几秒后，我对她说："因为我们选择努力，想要通过努力在这座偌大的城市站稳脚跟，有自己的立足之地。这一切的努力，不过是为了给自己一个交代，给当初不甘心的自己一个答案。"

就像候车大厅那个姑娘说的："我尽力了。"

你现在努力拼搏，不一定能换来成功，因为成功不是人生的终极目标。那些终极梦想虽然有些遥远，但在追求梦想的路上，你会发现一个更好的自己，一个努力拼搏、充满自信的自己。蓦然回首时，你会因为那些努力过的日日夜夜和所做的事情而倍感充实，这就够了。

03

我始终相信，努力奋斗、拼搏的青春才是有价值的青春。

我有一位学法律的朋友，有一天我问她："如果没有通过司法考试，你会不会觉得可怕？"

她笑笑说："没什么可怕的。"

我看着她说："你付出了那么多，看了那么多法条，那些努力都没有得到回报，你也不会后悔？"

她思考了一下，然后对我说："我看过的那些书，记在脑子里的法律知识就是最好的回报。"

她的回答一如那位做设计的朋友所说，虽然每次通宵达旦都会觉得疲惫，但当看到自己初见成效的作品时，心里的兴奋和激动没有任何一样东西可以替代。

如果你努力做的是自己喜欢的事，为什么还要放弃呢？能够做自己喜欢的事，即使再苦再累，也不会有怨言，只要坚持下去，总会有回报。

我相信，每个人都只想做自己喜欢做的事，因为这样是最开心的。只要是为了自己喜欢的事而努力，一定会感到很充实。相反，如果你做的事不是你喜欢的，那你自然就不会开心，每天都会计较，从而怀疑自己。

如果现在的你，正在疲于应对自己不喜欢的事情，那么请停下来，问问自己是不是太浮躁了。

04

人生路漫漫，大部分时间你只能依靠自己。所以，请坚持你的梦想，做你想做的，努力拼搏。

也许你想要的未来在别人看来根本不值一提，也许你一路跌倒，也许你已经很努力了，可结果还是不尽如人意，请你继续向前，因为别人看不到你背后的努力和付出，你自己却始终看得见。

在追逐梦想的路上，肯定会遇到艰难险阻，这些都不重要，重要的是你的决心。闭上眼，听听自己的心声。你要拥有直面困难的勇气，相信努力奋斗的意义，将来的你一定会感谢现在拼搏的自己。

总有一天，你会明白努力奋斗的意义。

第五章

你可以停下脚步，但时间不会止步

时间永不停息，不等人，

有些事情现在不做，恐怕以后就再没机会做了。

当你停下脚步时，时间仍在前行。不要说它跑得快，你追不上。

其实，是你跑得太慢了。

现在浪费的时间，都是在挥霍我们自己的年华。

不要总感慨时间去哪儿了

时间对每个人来说都是平等的，一天24小时，一分不多，一分不少。它不会因为你勤奋而多给，也不会因为你懒惰而少给。但在同样的时间内，不同的人会得到不同的结果。我们不能总是站在原地感慨时间去哪儿了，当你感慨时，时间早已从你身边溜走，一去不复返。

01

最近短视频特别火，女儿写完作业，没事就拿手机窝在沙发上不停地看，时而还发出咯咯咯的笑声。有一天晚上，我看她笑个不停，便坐到她身边问："你在看什么呀，这么好笑？"

她两眼盯着手机，挪过来让我看：一个小女孩儿，脸上浓妆艳抹，穿着还十分不得体，配着劲爆的音乐在手舞足蹈。我一看，她已经收获了好几十万的点赞数。

女儿笑眯眯地说："妈妈，你也帮我拍一段好不好？看我能得到多少人点赞。"

我忍住怒火，回答她："不可以，你的时间就是这样溜走的。"

虽然这些有趣的视频可以让人暂时舒缓压力，它们或搞笑，或作弄人，或自嘲，但带来的瞬间快感只能消耗自己的时间，只会让你在“充满诱惑”的世界里不知进取。不要说你没时间学习，你的时间都被这无数个十几秒占据了。

除了那些火爆的短视频，还有微信朋友圈，你每天不停地刷，一定会分散精力，影响学习，养成习惯后，便很难再专注，很难再自律。而这些“快消品”，正在不知不觉中慢慢毁掉你。

02

由于工作原因，我经常会接触一些在职教师。一次，有位初中老师和我讲起一件令她非常惋惜的事。这位老师的班上有一个女孩儿，小升初时，成绩特别好，长得很漂亮，而且聪明又机灵。但自从初二开始，女孩儿便将业余时间全用在网络游戏上，经常半夜和男生一起翻墙去网吧，长此以往，成绩一落千丈。老师多次找她谈话，让她写检讨，她都没有改变。后来，她辍学了。

一个偶然的机会，这位老师在超市遇到了那个女孩儿。只见她脸色蜡黄，身材消瘦，整个人无精打采的，再也没有了青春期少女该有的朝气蓬勃。

奥地利作家茨威格有句名言说得非常好：

> 她那时候还年轻，不知道所有命运的馈赠都已标好了价格。

只沉溺于眼前的快乐，不珍惜时间，辜负大好时光，在美好的年华挥霍青春，最后只能默默叹息，感慨时间都去哪儿了。

上帝对我们每个人都是公平的，每个人都拥有同样的时间，每个人都有自己该做的事。年轻时需要学习，长大后需要工作。但时间是有限的，就看我们如何去利用它。既然深知时间不能重来，为什么不珍惜当下的时光呢？

时间就像一张大网，你将网撒在哪里，收获就在哪里。在正确的时间做正确的事，只要努力付出，时间自然会给你想要的结果。

03

电视剧《士兵突击》中，老马是团里担任班长时间最长的士兵，退伍前他给自己手下的士兵留下了一句话：“别再混日子了，小心让日子把你们给混了。”

你总是感慨时间去哪儿了，时间或许在你玩游戏时就溜走了。你今天浪费时间，贪图安逸，将来必定要加倍偿还。

孩子，你或许不知道，时间老人很“记仇”，你做过什么，它都会帮你记着。无论你做得好与不好，它都照单全收。不要总感慨时间去哪儿了，时间对每个人都很公平：你珍惜它，它就会回报你；你不珍惜它，就会被它重重地惩罚。

时间在嘀嗒声中，一去不复返。

你可以停下来，但时间不等你

时间是墙上嘀嗒作响的钟摆，是树上飘落的树叶，是桌上堆积的灰尘，是刻在树上的年轮，是拾不起又无法言说的流年。

它不会因你停下脚步而停留，当你累了、困了、倦了，想要回到原点时，它却在嘀嗒声中，一次又一次踏碎流年，而你只好被它裹挟着向前……

01

自古以来，但凡取得成就的人，都很善于利用时间。

我国著名的文学家鲁迅说："哪里有天才，我是把别人喝咖啡的时间都用在工作上了。"鲁迅不仅是文学巨匠，也是善于利用时间的人。他正是把别人喝咖啡的时间都用来写作，才为我们留下了约700万字的精神财富。

鲁迅小时候，家道中落，他父亲又生了重病，卧床不起。每天清晨，鲁迅都要早起，跑到药铺抓药，然后把药拿回家，煎好之后端给父亲，等父亲喝完药，鲁迅才去上学。

一天早上，鲁迅起床比平时晚了些，他把所有事情都做完，赶紧向学校跑去，可还是迟到了。私塾先生并不知道他家的情况，很生气地批评了他。

鲁迅心里很难受，回到自己的座位后，便拿出小刀在桌子的一角刻了一个“早”字，提醒自己以后一定要早点儿起床，不再迟到。这个“早”字不仅让他养成了珍惜时间的好习惯，还一直激励他奋笔疾书，从不懈怠。

莎士比亚说：“放弃时间的人，时间也会放弃他。”当你停下脚步思考时，时间也会毫不留情地从你身边溜走。总之，请不要停下脚步，因为时间不会为你停留。

02

人们经常说：时间不等人。机会稍纵即逝，若不能好好儿抓住，就会错过。我曾在一本杂志中看过这样一个故事。

有一个20多岁的小伙子，每天行色匆匆，盯着前方不停地赶路。他对路边那些迷人的风景未曾看过一眼，对于过往的人也从不关注，无心搭理。在他的眼中，只剩下了那条向前延伸的路。

这时候，路边突然出现一个陌生人，拦住了他。陌生人关心地问道：“小伙子，你走得这么急，准备去干什么呀？”

小伙子头也没抬，推开陌生人又接着向前跑去，边跑边不耐烦地喊：“别拦着我，我正在寻找机会！”

转眼间，20年过去了，当年的小伙子已变成中年人，但他还是坚定地向前走着，步伐依然匆匆。岁月如梭，一晃眼又一个20年过去了，中年人已经成了两鬓斑白、老眼昏花的老年人。尽管面色憔悴、气喘吁吁，他还是努力向前走着。

这时，又有一个人拦住了他，很同情地问道：“老人家，您还在寻找机会吗？”

老人一听，先是愣了一下，然后非常吃惊地说：“是呀，你是怎么知道的？”

拦住他的那个人没有说话。老人疑惑地抬起了头，当看清楚对面的人后，他一下子泪流满面。原来那正是机遇之神！他寻找了一辈子，可是当机遇之神来临的时候，他却从未意识到，任由机遇从身边走过。而他现在已经年老，一切都太迟了。

在生活中，很多孩子错失了各种机会，不是没有等到机会，而是机会来临时却没有抓住。即使机会站在他们面前，他们也是视而不见，最终让机会随着时间白白溜走了。

03

我有一个大学同学，经过高中阶段的努力拼搏后，一入大学他就放松下来，甚至记不住哪节课该在哪个教室，记不住昨天做过什么。他即使坐在图书馆也不知道该看什么书，总觉得自己的梦想就像口香糖，在嘴里咀嚼一下就吐出来，最后被丢在路旁的垃圾桶里。

时间一晃，半年过去了，他站在黄昏映射下的公交站台，看着熙熙攘攘的人群，不知道自己是要上车还是要下车，更不知道今后的人生该如何面对。他以为时间会就此停止，但看看成绩单，自己的名字排在了最后。身边的同学有的去名校当交换生，有的去国外留学，而他却仍在原地打转。

他原以为大学时光就会这样蹉跎下去，偶然间，他看到曾经在笔记本上抄写过的一句话：再无聊的时光也是“限量”的。是呀，每个人的时间都是一样的，当你停下脚步时，时光仍会狠心地在你的试卷上打叉，在你用过的时间表上打勾，你是无法向它发起挑战的。

时光匆匆，直到大三，他才发现之前自己过得多么空虚。看着身旁的人都在努力学习，忙着找工作，他下定决心改变自己的生活状态，不为追赶别人，只为突破自己。

04

对于时间的流逝，有时候，你自认为你的停留不是在浪费时间，而是在思考。其实那只是你浪费时间的一种说辞而已。要知道不管你在做什么，时间都不会倒流。每个人从出生的那一刻起，就开始与时间赛跑，人们总说时间跑得太快追不上，其实是你跑得太慢了。

正如革命先驱李大钊在一篇名为《今》的散文中所说的那样：

> 我以为世间最可宝贵的就是“今”……因为他最容易丧失……宇宙大化刻刻流转，绝不停留。时间这个东西，也不因为吾人贵他爱他稍稍在人间留恋……吾人若要糊糊涂涂把他丢掉，岂不可惜？

人都有惰性，若是总为自己找借口，那什么事都做不成。如果想做，就应该马上行动，时间不等人，也不会给你下一次时机。如果你现在停下脚步，浪费的时间将一去不复返。

拖延的你是否会担心被明天抛弃

明代诗人钱福写过一首《明日歌》:“明日复明日，明日何其多。我生待明日，万事成蹉跎。”在人生的旅途中，看似有很多的明日，但真正能抓住的只有今日。抛弃今日的你，注定会被明日所抛弃。孩子，你要知道，努力做好今天才是最有效的时间管理。

01

在这里，我们看一个对时间管理完全没有概念的孩子的日常生活：

早上 7:00，妈妈喊了三遍，她才睁开睡眼，然后打开手机刷朋友圈、看微博，心里想着十分钟后起床也不晚，结果一不留神半小时过去了，来不及吃早餐，拎起书包往学校赶。

8:00，左看看，右看看，校门口没有检查迟到的学长，她一溜烟跑到教室，只能从后门进。坐到座位上，前排同学都在大声朗读，她因为饿了，掏出零食开始吃。

8:30—12:00，一节课一节课地过，这节课不喜欢，听不懂，就翻课外书。转眼就到了午餐时间。

13:30，下午从第一节课开始，她就觉得困，觉得老师讲课像催眠曲，笔记写得歪歪扭扭。下课铃声响起，她就在课桌上趴一会儿。

17:00，最后一节自习课，作业还没做完，只得回家写了……同桌约放学后一起去新开的美食店尝鲜。美食不可辜负，反正作业多得做不完。

22:30，两个科目的作业终于做完了，再看看朋友圈有没有人点赞，洗洗睡了。

今日学习进度：0。

类似的经历，或许在你的身上也发生过，只是我们对此不以为意，丝毫没有放在心上。美国德波尔大学心理学教授约瑟夫·R. 法拉利却告诉我们，这是一种病，这种病的学名叫作“慢性拖延症”。

02

我有一个同学，他从大三第一学期开始就下定决心要在毕业前考取英语四级证书，没过多久，他发现相比四级考试，身边还有许多更重要的事情等着自己去做。于是，他果断将四级考试“抛弃”了，想着距离毕业时间还长，四级考试又不难，没必要现在着急。

就这样，时间悄悄过去了，他在学生会忙得不亦乐乎，总觉得身边的事情忙不完，比如，社团要拍小视频，明天要组织同学聚会等。结果四级考试这事，早就被他抛之脑后。

一年的时间，说长不长，说短也不短，当他想起为四级考试做准备时，距离考试的日子却只剩下不到一个月的时间了。他发现自己听力还很差，开始变得焦躁、烦闷、不安，想要集中精力去最后一拼，可大脑却一片空白。

结果不出所料，他四级没有通过，最后就因为没有这个证书而屡屡受挫。

毋庸置疑，每个孩子的身上或多或少都有一点儿拖延症，如学习、计划经常被打破，每天都跟自己的拖延做斗争。虽然大多数时间都是临时抱佛脚，度过了当下的危机，但不可否认，今天拖延的你，必会被明天抛弃。

03

我曾在一本杂志上看过这样一则小故事。

秋天，一位伐木工人进山伐木时，发现山脚下有一位农夫正懒懒地躺在茅屋门口晒太阳，而在不远处的地里，是早已成熟、等待收获的马铃薯。

“喂，伙计，你还不赶紧趁冬天来临之前，把马铃薯收回家，怎么还有时间晒太阳呢？”伐木工人推了推农夫，善意地提醒道。

“嗯——嗯——”农夫侧转身，睁开眼皮看了伐木工人一眼，又自顾自地晒太阳。

“喂，伙计，你不把马铃薯收回家，冬天你吃什么呀？到时你就只能挨饿了。”伐木工人再一次大声地提醒农夫。

“知道，好像这世界就你聪明似的。”农夫不满地嘀咕着。

“如果到时突降大雪，你可就惨了。”伐木工人开始警告农夫。

“别操心了，我会把马铃薯收回家的，只是我还得再等上几天。”这一次农夫明显地不耐烦了。

“等？你还等什么呢？马铃薯早已熟了呀！”

“我知道，眼下家里还有粮食，等没有了我自然会去挖。”

“上帝呀，怎么会有如此顽固的人呢？”伐木工人说。

“你有所不知，去年我也在这块地里种下了马铃薯，也是这个季节，家里粮食用尽，我才去挖的，没想到马铃薯在地下长得又大又多，想必今年也是如此。”农夫说完，不再理睬伐木工人，又继续晒自己的太阳。

伐木工人摇摇头，觉得农夫不可救药，但也不好再说什么，只好进山伐木去了。在大雪封山之前，伐木工人砍了许多树，并将它们运出了大山。

第二年春天，冰雪融化之后，伐木工人准备再一次进山伐木。他经过农夫的小茅屋时，却没见到农夫。他觉得有点儿奇怪，于是上前推开了农夫家的门，发现农夫躺在床上，已死去多日，而他的嘴角还留着一团未咽下的破棉絮。很显然，农夫是被饿死的。

原来，农夫一等再等，时间就这样一天一天地过去。农夫觉得是时候去挖马铃薯了，却没想到一场大雪突如其来，足足下了三天三夜。就这样，马铃薯遭遇冻害，农夫活活地被饿死在自己的茅屋。

> 孩子，从今往后，你要做到今日事今日毕，若总想着把今天的事情拖到明天，把明天的事情拖到后天，最终只会一事无成。只有我们把事情一次做完，才能离成功更近，才不会丢了今天又失去明天！

堆积如山的“明日”，终究是逃不过“有一日”。

从“人”到“人才”，只有一万小时的距离

美国著名作家马尔科姆·格拉德威尔在《异类：不一样的成功启示录》一书中指出，从人到人才的锤炼，必须经过一万小时的努力，这是不可缺少的条件。这个“一万小时定律”一直广为流传，甚至被大众奉为圭臬。然而，值得深思的是，“一万小时定律”只有在反复练习的前提下，才能通往卓越之路。

01

透过格拉德威尔的“一万小时定律”，我不由想起达·芬奇的故事。

达·芬奇从小就十分喜欢画画儿，去野外写生时，常常因为画山、画水、画花草太投入而忘记回家。达·芬奇 14 岁那年，他的父亲看到他很有绘画天赋，就带他到佛罗伦萨拜知名艺术家韦罗基奥为师。

韦罗基奥十分严厉，他给达·芬奇上的第一节课就是画鸡蛋。刚开始，达·芬奇画得很有兴致，可是三个月过后，老师仍让他画鸡蛋，达·芬奇想不明白：小小的鸡蛋，有什么好画的呢？

有一次，达·芬奇问老师：“为什么总是让我画鸡蛋呢？”

老师告诉他：“画鸡蛋看似简单，但天下没有一模一样的鸡蛋，即便是同一个鸡蛋，观察角度不同，光线不同，看到的鸡蛋也不同。要画好鸡蛋，就要认

真观察，学会从不同的角度来画它，这是熟悉绘画手法和笔法的基本功。”

达·芬奇听了老师的话，很受启发。于是开始天天拿着鸡蛋，认真观察，边看边画。日复一日，年复一年，他心里谨记老师的话，从不同角度、不同光线画。最终，他的草稿堆满了书桌，绘画水平也得到飞速提升。

起初，达·芬奇想过放弃画鸡蛋，因为枯燥乏味，不断重复，差点儿就失去了练习绘画基本功的机会。但后来，他坚持了下来，从最简单、最枯燥的重复中掌握了达到最高艺术境界的途径。这才有了后来的世界名画《蒙娜丽莎》《最后的晚餐》，也让他成为闻名世界的大艺术家。

02

知名舞蹈演员小彩旗，想必大家都不陌生，她凭借与生俱来的舞蹈天赋，在春晚舞台上旋转了四个多小时，并一夜成名。

她 3 岁时，看到姨妈——著名舞蹈家杨丽萍正在跳舞，这让她对舞蹈产生了浓厚的兴趣。每当杨丽萍在楼上编舞时，小彩旗必定悄然而至，坐在楼梯口看得如痴如醉，脖子伸得长长的，活脱脱就像一只小天鹅。

从那时起，她就立志要学习舞蹈，当一位舞蹈家。每次看姨妈跳完舞，她便将自己关进房间，伴着音乐一遍一遍练习，以达到长时间进行高难度旋转的目的。就连一直对舞者要求颇高的杨丽萍都忍不住夸赞她：“这孩子感觉和天赋太好了，比我当年还厉害。你看她转起来，就像一面迎风飘扬的小彩旗……”

此后她跟着杨丽萍学习舞蹈，一学就是两年。小彩旗的舞技越来越娴熟，开始渴望一展身手。最后因为她的努力，她参演了杨丽萍倾心打造的大型原生态歌舞《云南映象》。

《云南映象》在全国演出达一百多场，很多成年演员都吃不消，小彩旗却像一只不知疲倦的小陀螺，每一场都在重复着旋转的动作……

正因如此，旋转成了小彩旗的“特长”。每次旋转时，小彩旗都会努力地去弥补动作上的单调，将坚持和重复当作一种修炼。此后，在参加舞剧《孔雀》时，小彩旗作为时间使者，从演出开始转到了最后，居然成功转足了三千圈，并成为《孔雀》中一道最别致的风景。

> 小彩旗的成功说明，不经过单调的重复劳动，没有人能获得成功。正如那滚烫的岩浆在地下经过百万年的暗涌，才能在某天喷薄而出。一万小时定律，也许只是一个概念，但当你把一个简单的动作重复一万遍的时候，你就会变得得心应手。

孩子，无论在学习中还是生活上，不要觉得简单的重复是一种机械运动。相反，我们应在简单的重复中不断精进，这样我们的技能才能日臻完美。

03

有人说，最怕你明明一生碌碌无为，却还安慰自己平凡可贵。在这个世界上，总有一些人不分昼夜地努力前行，而另一些人醒来时却发现世界已经变了。

你童年的经历、中学时代的境遇都将是以后开启你大学生活的关键。好好儿把握现在，珍惜时间。现在的你还未到达终点，努力跨过一万小时的差距，你将会赢得更高的起点。

学会处理好你一天中的24小时

时间就像沙漏，不声不响悄然流逝；又像一闪而过的流星，稍纵即逝。如果你不善于管理，那么它就会与你渐行渐远。一年365天，一天24小时，我们该如何有效地管理时间呢?

01

最近我的一个同事很沮丧，情绪很低落，原来是被孩子不按时完成作业、做事拖拉给愁的。她说她家每天都会上演“催促”大战：早上催着孩子起床，放学催着孩子写作业，晚上催着孩子上床睡觉。

她说她也不想这样，每催一次，火气就往上蹿一分，声音就提高一分贝，直到最后，往往以吼来结束“催催催”的交响曲，弄得自己烦躁恼火，孩子心情沮丧，导致亲子关系僵化。

然而第二天，“历史”又重演……

这种场景，想必每个家长都不陌生。我曾经也总下意识地催促孩子：女儿在客厅看电视，我催她回屋睡觉。谁知她玩儿得更加起劲，嘴上答应着，身体并没动。

看着无动于衷的女儿，我意识到：对待孩子，催促不能解决问题。一味地催促，只会让她形成习惯，并根据你催促的次数和发火程度，来判断自己的行为可以放肆到哪种程度。

孩子对时间并没有概念，只是依赖你的催与吼。所以，对待孩子，不能长时间地“催”下去，我们要用更科学的方法去教会他们合理安排时间。

02

对孩子来说，你越催，他越烦。父母需要抓住生活中的小事来培养孩子的时间观念。慢慢地，做什么事用多长时间，孩子心里就有数了。

记得女儿小时候很喜欢听睡前故事，总是听了一个又一个。后来我和她规定只能听 5 分钟，还为此定了闹铃。记得第一次闹铃响时，女儿惊奇地说：“5 分钟这么短哪？”

孩子就是这样，当你对她说“快点儿，还有 5 分钟就迟到了”，她却不知道 5 分钟到底有多长，总以为时间还早，当然会拖拖拉拉。

有一天晚上，我有意控制自己不去催孩子睡觉，想看看她能坚持到几点。结果是，她按照自己的节奏，只比平时的睡觉时间晚了十几分钟。催与不催，只差了十几分钟，看来催对她来说毫无意义。

03

女儿很喜欢玩拼图，每次她都会把一堆拼图倒出来，然后一张张翻过来，让有图的一面朝上，之后才开始拼。看着她玩儿得不亦乐乎，我忽然间明白，一天中每件事都是一块碎片，就像一块块拼图一样组成了完整的一天。

当你着手整理碎片时，有必要先花点儿时间把每件事都“翻过来”看看，让它们“倒映在眼中”，之后在每天的拼图练习中不断地熟悉它们，做到烂熟于心。这样你对一天中的每块碎片都心中有数，效率和掌控感就来了。

从女儿上小学三年级开始，每年暑假的第一天，我都会和她一起制作暑假计划表：

暑假计划表	
7:00—8:00	起床锻炼身体（楼下跑步或散步都行）
8:00—9:00	早餐，然后休息片刻
9:00—10:00	做作业或预习
10:00—11:30	自由安排
11:30—12:00	练字
12:00—15:00	午饭，休息
15:00—16:00	绘画
16:00—20:00	自由活动或吃晚饭
20:00—21:00	看书，做笔记
21:00—22:30	睡觉
周日休息一天，除了外出或者特殊情况，以上计划每天都要按时按量完成，在家要多帮爸爸妈妈做家务。	

这样的计划表想必很多家长都做过，但事实证明效果并不明显，通常只有两三天的“生命力”，基本执行不下去。其实计划表并不是只让孩子去执行，而是家长陪孩子一起去执行。

自从有了这个计划表后，我和女儿每天都坚持照做，她慢慢学会了自己安排时间。作业完成效率高了，还坚持每天画画儿，抽屉里的画稿越来越多。看着自己的作品，她脸上洋溢着微笑。她乐在其中，说明这个方法对她很有效。

04

作为家长，除了催促孩子，就是责怪孩子时间观念不强、不会管理时间等，实际上这只是问题的表象，根本的问题是孩子没有管理时间的动力。

孩子管理时间的动力来自哪里？我想有很多方面，如自主的感觉。如果孩子在某种程度上可以按照自己的意愿去自由支配时间，那么他就能体会到力量感、掌控感、独立自主的感觉，他的内心会充满成就感和责任感。

根据我对身边朋友的观察，有一位妈妈很有心，她将孩子每天需要完成的计划设置成积分奖励机制，可以兑换礼品或现金，这样孩子就有动力去管理属于自己的时间了。

计划完成奖励机制	
按规定的时间起床	+3
起床后要刷牙	+2
写作业不拖拉，不问与学习无关的事，不做小动作	+5
作业完成质量好，字迹工整，桌面收拾干净	+5
饭前不吃零食，饭吃得又快又香	+3
阅读半小时并摘抄好词好句	+5
按规定时间睡觉	+3
自己的事情自己做，自己洗内衣	+2
帮爸爸妈妈做家务	+5
练习绘画半小时以上	+5
一天玩手机、电脑不超过1个小时	+5
每天写日记	+2
认真练字半小时以上	+5
备注： 一、积分可以兑换现金，但是用现金时需征得爸爸妈妈的同意； 二、每10分可以兑换1元，每月月底兑换，也可以不兑换，累积满5000分，可以让爸爸妈妈帮助自己实现一个心愿； 三、让我们一起努力，养成一个良好的生活习惯！	

这位妈妈给孩子设置的奖励机制堪称完美，不仅给了孩子管理时间的动力，还给孩子留下了自由空间。假如孩子感到自己是被动的，那么他的动力就不足。

希望每位孩子都能自主管理时间，更希望这个方法可以帮助更多妈妈，把孩子培养成一个时间管理达人。

我的时间我做主，我是时间管理小达人。

所有偷过的懒，都会变成未来的伤疤

有人说，十几岁时，我们被告知要好好儿学习，以后才能有好工作；二十几岁时，听说下班后的四小时可以拉开人与人之间的差距；三十几岁时，终于发现，那些你曾经偷过的懒，都变成未来的伤疤，不知何时会加倍奉还。

01

记得《余罪》里有这样一句台词：上帝对每个人都是公平的，它现在给你多大的享受，将来就会给你多大的难受。

可能你不喜欢学习，觉得习题太难，又觉得所学知识在生活中派不上用场，所以在课上偷懒、看小说，平时写作业不认真，得过且过。假设多年后，有一次竞赛的机会摆在你面前，其中的题目恰巧你都学过，却又想不起来，那时你只能后悔：书到用时方恨少，只恨当年没努力。

我曾看过一个辩论节目，有一期的辩题是："我没有上进心，有错吗？"当然，反方的辩手会说："我只需一颗平常心即可，学习嘛，过得去就好。"

学习不用功，一时兴起买的练习册早就落了灰。虽列了无数个计划表，却没一个得到过执行。别人在熬夜学习时，你却选择睡觉、玩游戏。考试前临时抱佛脚，感到莫名的紧张，又在应该努力的时候告诉自己：先玩儿会儿再学吧。

孩子，你要知道，怠惰是一张温床，它虽没有牙齿，却能吞噬智慧。因为怠惰，所以你不想行动，不想思考。孩子，成功的路上并不因为你的怠惰而一路亮绿灯。相反，你若疏懒，无数的红灯就在前方等着你。所以，千万不要让偷过的懒变成未来的伤疤，让你疼痛终生。

02

我曾在某媒体的头版看到过一则敢于突破舒适区的励志故事。

同济大学的一个学霸，他学的汽车制造在当时是号称“铁饭碗”的专业，但他毕业后并没有选择本专业，而是用了一年多时间，通过了国家司法考试，成了一名律师。

然而不安于现状的他再次转行，做起了手机游戏。

许多人不理解：为什么放着令人羡慕的工作不做，却一次次选择转行，甚至去竞争激烈的领域创业呢？

而在这个学霸看来，那些安逸的工作环境只会使他丧失斗志，“善变”的他一直在不断学习。虽然每次转行都要付出更多的努力，但他一直在勤奋中努力，秉承着勇往直前的心态，让他未来的路越走越宽。

我们浪费的时间，永远不可能补回来。即使能补，也要搭进双倍的精力和时间。最可怕的是，你明明知道自己再这样下去就是“死循环”，会害了自己，可你依然这样，并不做出改变。

孩子，请你记住，每一个手忙脚乱的今天，都是无数个“游手好闲”的昨天；每一个焦头烂额的明天，都是无数个偷懒拖延的今天。不要等错过才后悔，更不要让未来的你为今天的懒惰买单。

第六章

世界很复杂，内心要强大

有人说世界是黑暗的，也有人说世界是美好的，还有人说世界是黑暗与美好并存的。

对，正是那些善良的人，才让我们相信这世间还有奇迹存在。

有些事虽不是我们的义务，我们也会乐意去做。

世界很复杂，当你伸手拥抱它时，内心要足够强大。

情商与智商，孰轻孰重

有人说，智商决定一个人的能力，而情商却掌控着一个人的命运。

什么是情商？简单地说，情商是自我情绪管理的能力，这是一个抽象的概念。

情商高的人，言谈举止都会让人倍感舒服。他们谈吐得体，能够耐心聆听别人讲话，会营造一种让人轻松愉悦的氛围。而情商低的人往往不能很好地控制自己的情绪，社会适应能力差，不能很好地处理人际关系。

01

著名演员黄渤可是娱乐圈里出了名的高情商的人。

曾在北京电影节闭幕式上，他把佟丽娅的名字念成了“佟娅丽”。瞬间，他以超快的反应圆场：“上台前还开玩笑呢，千万别说错，没想到还是错了，唉！”

台下，他又在微博上公开向佟丽娅致歉，打趣道：“这得多少顿饭才能摆平啊！”

一次大写的尴尬，就这样被黄渤圆了场，同时，也把大家都逗笑了。他的幽默，是一种智慧，更是一种修养，正是这种修养，才让他从人群中脱颖而出。

有位朋友说，你自以为的直爽，在别人看来，很可能是没有分寸感，是为人太随意的表现。

听完这句话，我陷入了沉思。后来不知在哪里看到这样一段话，便随手抄了下来："刻薄和幽默是两回事，口无遮拦和坦率是两回事，没有教养和随性是两回事，轻重不分和耿直是两回事。"

情商高的人是能分清两者差异的，而情商低的人总是以"真实""坦率"伤害着身边的人。

再以黄渤的故事为例。有一次他坐飞机去上海，虽然"全副武装"，不希望被人认出，但一个粉丝还是热情搭讪："嗨，好久不见，最近挺忙的吧！我特别喜欢你的电影，尤其是你和刘德华、李冰冰演的那个《天下无贼》，我看了好多遍呢。"黄渤这才反应过来，原来他被当成王宝强了。后来那个粉丝向黄渤要签名，他洋洋洒洒写下了"王宝强"三个字。

在采访中，他说，幽默就是不让对方难堪，不让自己尴尬。如果他签自己的名字，你想想会是什么情景。

在男影星中，黄渤虽然不是颜值担当，但他的情商却很高。在一次节目中，徐熙娣说黄渤长得很特别。黄渤却笑着说："一开始长得还蛮婉约的，后来就开始抽象了。"如此机智的回答，赢得了台下一片欢呼声。

02

我在出版社做编辑时，带过很多实习生，现在大多模样都忘记了，只有一个姑娘，让我印象深刻。

她虽不是重点高校的高材生，但情商高，智商也高。她大三暑假来我们社实习，见到我的第一句话就是："老师您好，我给您带了瓶冰水。"

我先让她看了一天书，下班时问她感受，她说有些标题不够吸引人，然后给我举了几个例子。于是，第二天我拿了篇稿子，让她拟标题。她苦思冥想了很久，饭也不吃，列出了二十几个。

我看她非常认真，便试着让她写封面文案。两百字的内容，她却查了很多资料。不过还是欠火候，我便让她重写。她也不难过，反复看我修改的版本，总结经验，很谦虚礼貌地问我她的问题在哪里。

平时同事们在办公室聊天儿，别的实习生都是默默旁听，只有她会很努力也很恰当地加入她的见解和想法。她说话很幽默，常常引起笑声一片。

有一次我俩去找领导汇报工作，她走在前面，到了门口，忽然缩回来。我问怎么了，她吐吐舌头说：“我看见领导正要打喷嚏，我妈妈说不能打扰别人打喷嚏。”

她实习了一个多月，是唯一一个离开时已经能独立进行策划的实习生，唯一一个让社领导都记住了名字的实习生，唯一一个我舍不得放走的实习生。

我至今认为，这姑娘无论在什么单位，一定都能做得很好，都会深受欢迎。

她身上透露出的教养、友善、责任感和高情商，一定与她的家教密不可分。记得有次她告诉我，她妈妈每次打电话都会问几个问题：今天有没有帮到老师？有没有认识新朋友？自己有什么收获？

我想，能问出这些问题的妈妈，跟那些只会嘘寒问暖的妈妈一定大不相同。智商是与生俱来的，且真正的天才少之又少，而情商是需要后天培养的，情商高的父母一定会培养出情商高的孩子。

03

有一次我和一个情商专家聊天儿，说到情商和智商的话题。她讲情商是一种综合能力，包括以下五个方面：

（1）控制自己情绪的能力。这是情商中最为重要也最难把握的一种能力。每个人都有情绪，当遇到不开心的事或烦心的事时，都会想办法发泄。但情商高的人懂得自我调整，懂得控制自己，平衡情绪。

（2）驾驭别人情绪的能力，也就是我们常说的人际交往的能力。这是情商中关于谈判和说话的重要内容，是一门很深的学问。黄渤就很会说话，他用幽默风趣化解各种“世纪难题”。

（3）自我激励的能力。这是人生获得成功的必备条件之一，人最大的敌人就是自己，自信、内心强大的人必会取得成功。

（4）自我承受的能力。这是提升人整体素质的必经之路。人不可能一生下来就会成功，必会遭遇许多挫折与坎坷，而自我承受力强的人能够积极面对，获得成功。

（5）自我调节的能力。这是快乐人生的开关。学会放宽心，快乐是一天，忧愁也是一天，何不快乐着度过呢？

她告诉我，情商体现为会说话，智商体现为会思考，而高情商、高智商的人总能体察自己和对方的尴尬，也能用智慧化解这种尴尬。愿你有情商也有智商，好好儿说话，做一个内心强大、外在温柔的人。

善待别人，就是善待自己

说起“善”，我想起一个充满禅意的小故事。

有一只蝎子不小心掉进了水缸里，老禅师用手去捞蝎子，却被蝎子蜇伤了，于是又换另一只手去捞，结果又被蜇伤了。这样重复好几次后，终于把蝎子打捞了上来。

小徒弟站在一旁，看着整个过程，开口问老禅师：“蝎子一直在蜇你，师父为何还要救它？”

老禅师说道：“蜇人是蝎子的天性，善良是人的本性，我不能因为它蜇人的天性而放弃我做人善良的本性。”

动物尚且保有天性，何况是人呢！

雨果说过，极端公正和善良的心是不属于庸俗的人的，良心的觉醒就是灵魂的伟大。

所以，人生在世，善待别人就是善待自己。

01

有人说，善良是一盏明灯，它不仅能照亮别人的路，也能照亮自己的心。

忘了在哪本书上看到这样一个故事。1814 年，一支考古队打破了撒哈拉沙漠有去无回的死亡魔咒。当时，沙漠中随处可见逝者的骸骨，队长让大家停下来，选择高地挖坑，把骸骨掩埋起来，还用树枝和石块为他们竖起一个个简易的墓碑。

有的队员开始抱怨：“我们是来考古的，不是来替人收尸的。”

那名队长却说：“这些骸骨都曾是我们的同行，你怎能忍心看他们陈尸荒野呢？”

一周后，考古队在沙漠中发现了许多古人遗迹和足以震惊世界的文物。

但就在他们打算离开时，一阵狂风刮过，沙漠中不见天日。接着，指南针失灵，考古队迷失了方向，之后食物和淡水开始紧张，他们这才明白为什么这里叫作“死亡之海”。

最后，他们沿着来时一路竖起的墓碑，走出了可怕的沙漠。

在接受《泰晤士报》记者的采访时，考古队的队员们都感慨：善良，是我们为自己留下的路标，让我们找到了回家的路！

02

在人生路上，善良是心灵的指南针，它可以让我们不迷失方向。善待别人就是善待自己。

电影《无问东西》中有一句台词：每一个故事，其实都洋溢着美好的青春岁月，他们活着更多时候不只是为了自己，还有别人。

你的善良，不是你一个人的，当你善意地对待别人时，也就是在善待自己。因为人之初，性本善，就像开篇故事中的老禅师所说的，善良是人的本性。

上大学时，我与舍友小莉一起出去游玩。我们坐在客车上，车子发动时，上来一个小伙子，他手里拿着一块牌子，上面写着他是聋哑人。随后，他拿出一个玩偶，递到小莉手中。我赶紧拉小莉，毕竟现在的骗子花样百出，谁知他是不是真的聋哑人呢？

只见小莉接过玩偶，拿出钱包，将自己身上仅有的二十块现金给了小伙子。我问她："若这人是个骗子，你不担心那二十块钱打水漂吗？"

小莉笑了笑说："哪儿有那么多骗子呀，你看他不是给我一个玩偶吗？我就当自己花二十块钱买了个纪念品呗！"

后来，我们看到小伙子下车后，跟同伴聊天儿，然后又上了旁边的车子，以同样的方式博取别人的同情。小莉却说："他虽然是个骗子，也是个有良心的骗子，你看他都会给人一个小玩偶。这个玩偶一看就像亲手做的，小店铺里都没见过呢！"

"哟，这么说，还是个善良的骗子呢。"我打趣道。

小莉一本正经地说："当然啦，若不是迫不得已、走投无路，想必他不会选择行骗。我们要用一颗善心去对待每一个人，总有一天你会明白，善待别人就是善待我们自己。"

03

女儿上中学时，给我讲过发生在她们班上的一件事。

她们班有个女同学，体重远远超过了同龄人。因为体重的关系，她很自卑。她不但很注意控制饮食，也尽可能加强锻炼，但肥胖却丝毫没有要远离她的意思，那些爱捉弄人的学生便总是拿她寻开心。

她爬楼梯气喘吁吁，便有同学在她身后一边笑一边起哄。她前后座的男生，常常会因为她需要多一点儿的空间而嘲笑她。登记校服尺码和发体检报告的时候，她总会引起一阵哄笑。更可恨的是，有些男生还故意学她走路的样子。

因为自卑，她从来都是默默低着头，这让欺负她的同学更加有恃无恐。

女儿对这位女同学充满了同情。我对女儿的善良感到欣慰。

我们身边可能会有人因长得不好看而被人议论，因长得矮而被人欺负，因普通话不标准而招人讨厌。我们不能拿人家的缺点来取笑人家，这不该被当作笑料。

孩子，我们应该善待身边的朋友、亲人甚至陌生人，因为他们值得被善待。人人都有自尊，即使身体有缺陷。

善待别人，因为下辈子可能不会遇见；善待自己，因为这辈子本就不长。

善待别人，就是善待我们自己。

不是每一次都得考第一

有人说，永远拿第一的孩子，未必优秀。成绩固然重要，但绝对不是最重要的。社会检验人才的标准是综合的，千万不要成为一个除了成绩好，其他一无是处的人。

01

最近女儿有点儿魂不守舍，她说话时经常眼神游离。没想到向来跟我无话不谈的她竟有了自己的小秘密。

有一天放学回家，我故意问她是不是有喜欢的人了。一开始，她还不愿意承认，支支吾吾不说话。女儿成绩不错，从小就喜欢和读书好的男生一起玩儿。于是我接着问她，班里有没有读书特别厉害的男孩子。

果不其然，她开始滔滔不绝："我们班有个男生真的好厉害，他平时上课也不大认真听讲，还经常睡觉，晚自习也睡觉，也没见他勤奋写作业，更不可能补课了，但他每次考试都得第一，别人问他问题他都能解答出来……"

那些日子，只要在家一提到这个男生，女儿就像复读机似的停不下来。但她说来说去，也就那么几件事：上课睡觉，做题不多之类的。女儿好像对他并没有足够的了解，或许只是好奇，或许只是欣赏。

几天后，一次模拟考试成绩下来，女儿便不再跟我聊那个男生了。

我问她："这次那个男生考得怎样？"

女儿嘟着嘴说："我不再喜欢他了，他也不再是我偶像，这次竟然不是我们班第一名。"

我莞尔一笑，调侃她："原来你不是喜欢人，而是喜欢人家的成绩呀！"

女儿说："我只是拿他当竞争对手，但这次我也没发挥好……"

我摸摸女儿的头说："这次没考好也没什么大不了的。将错题改正，总结经验，下次考试保持良好心态，你一定可以做得更好。"

每个孩子都希望自己能考个好成绩，都想要向别人展示自己优秀的一面，这样会显得自己潜力无穷，但有时并不如意。只要你多给自己一些时间，允许自己不做第一，你提升的空间就会很大。

02

白岩松可谓是主持界的一棵常青树，在他儿子中考前他跟儿子说："你要是考上了北京最好的高中，我跟你急；你要是考了第一，我就跟你断绝父子关系。"

为什么考第一、学习好也不行呢？白岩松曾给孩子寄过一封"人生邮件"，邮件中特别强调：

"不争第一，人生不是竞技，不必把撞线当成最大的光荣。当了第一的人也许是脆弱的，众人之上的滋味尝尽，如再有下落，感受的可能就是悲凉，于是就将永远向前……站在第一位置的人不一定是胜者，每一次第一总是一时的风光，却赌不来一世的顺畅。

"争第一的人，眼睛总是盯着对手，为了得到第一，也许很多不善良的手段都会派上用场。也许，每一场战役，你都赢了，但夜深人静，一个又一个伤口，会让自己触目惊心。何必把争来的第一当成生命的奖杯！我们每一个人，只不过是和自己赛跑的人。”

即使是学霸，也不能保证每次考试都得第一。允许自己偶尔失误，就如允许自己偶尔失败一样。一个不允许自己有失误的孩子，怎么能接受人生中出现的困难和打击呢？不要因一次考试失利，就永久地丧失了信心。

心理学和生活常识告诉我们：

> 一个人做某件事情的精细程度和熟练程度呈正相关关系，粗糙和失误是万事开始阶段的必然。只有经历过失误，并在失误中不断总结经验，才能越做越精确。

03

现在已不是只看成绩的时代，成绩好虽然代表你优秀和用功，但不代表你的交往能力强，不代表你的工作能力强，更不代表你的情商高。

我认识一家公司的产品经理，她曾跟我抱怨：现在的孩子心气儿很高，一点儿抗压能力都没有，成绩好真的不代表什么。

我听得一头雾水，后来才弄清楚，原来她们公司招了一名研究生学历的实习生，专业也很对口，跟着她学习产品运营方面的业务。

刚开始讨论运营方案时，那个实习生表现得很有想法，提了几条有建树性的建议，大家都很高兴，朋友也觉得他值得培养。

有段时间，大家都非常忙，午饭都没空儿出去吃，所以就经常拜托实习生帮忙下楼取外卖，顺便拿快递。

谁知才过了几周，那个实习生就不辞而别了。人事打电话问他有什么不满意的，他说："公司缺乏对人才最基本的尊重，我从小到大成绩都很好，本科读 211 高校，研究生读 985 高校，再说我是来学产品运营的，不是来给你们跑腿的！"

朋友说："学习好又能说明什么呢？工作能力一般，抗压能力更是一般，这样的孩子虽说学历高，但无论在哪个公司都待不久……"

04

作家龙应台曾说过，一个班的孩子长大后，交际能力最强、情商最高的往往不是总考第一的孩子，而是那些成绩处于中上等的孩子。

这个结论或许并不科学，但现实中一些没目标、没理想的大学生在初中或高中时，竟然是班里数一数二的好学生。当初他们学习特别努力，动不动就学到凌晨。因为高中过得太压抑，所以到了大学他们就开始放纵自己。

在初中或高中背负巨大学习压力的好学生，进入大学后彻底解放了自我，通宵玩游戏、看电影。当初优秀的孩子，奋力从千军万马中脱颖而出，却又在最美好、最该努力的年华里虚度光阴……

遇见更好的自己

有人说：如果你不能成为太阳，那就当一颗星星；如果你不能成为大道，那就当一条小路。真正决定成败的不是尺寸大小，而是学会激励自己，这样你会发现，你的天空一样高远，你的大地一样广阔。每个人都有自己的活法，做更好的自己，才是最值得庆幸的事。

01

记得小时候，听过这样一个故事。

一个年轻人去买碗，到了店里之后他随手拿起一只碗，便开始与其他的碗相碰，可是碗与碗之间的声音都不够清脆，反而带着一丝沉闷浑浊。

试了很多后，年轻人失望地放下碗，准备离开。

老板问他："小伙子，这些碗是哪里令你不满呢？"

年轻人说："一位老者曾教给我挑碗的技巧，若两只碗碰在一起发出悦耳清脆的声响，那便证明是好碗，可我试了这么多，声音都不够清脆。"

老板笑着递给他另外一只碗说："你用这只碗去碰其他的，听听看。"

年轻人半信半疑，他试了试，这次的声音一扫之前的沉闷，变得很好听。他很惊讶，问老板这是怎么回事。

老板说：“很简单，你拿一个次品去试，再好的碗也发不出悦耳之声，想找到好碗，你手里那只也得是上乘品。”

故事讲完了，不知是否对你有所启发呢？

孩子，若想遇见更好的自己，首先我们要做好自己。今天的你是什么样无所谓，不断地改变、提升，不断朝着更好的方向去努力，总会遇见更好的自己。

02

著名演员孙俪凭借热播电视剧《那年花开月正圆》，在第31届电视剧“飞天奖”的颁奖典礼上获得优秀女演员奖。

孙俪说，在演戏中，她遇见了更好的自己。她的微博，记录的基本上是她优哉游哉的生活，不是晒娃就是健身，不是苦练绘画就是旅行，在不紧不慢的节奏中活出了“烟火气”。

她每接一部戏，都会认真对待，严格要求自己，不断激励自己，所以，她的影视作品质量都很高，也都经得起推敲。

正因如此，她拿了无数电视奖项，从“金鹰奖”到“白玉兰奖”再到“飞天奖”，她成为电视剧史上最年轻的得主之一。

俞白眉说，孙俪总是能分得清自己的身份，演戏时她是绝对的主角，生活中却是绝对的配角。在不拍戏时，她是一个热爱生活的妻子和“宝妈”；而拍戏时，她必定全力以赴，确保每部片子都是精品。

这就是她身上的品质，不断激励自己，让自己做到最好，这也是一种成功。

03

好朋友的女儿在上小学五年级时，班里为了庆祝六一，准备排演一出话剧，她被选为话剧中的女主角，这可把她高兴坏了。

为了演好这出话剧，接连几周，她都邀请妈妈跟她一起练习台词。

她每次在家都表现得很好，但一站到舞台上就紧张，脑海中的台词也消失得无影无踪。

眼看演出时间越来越近，她还是无法在舞台上说出完整的台词，最后，老师只好让其他同学替代她。

老师告诉她："你很优秀，但是我们不得不更换女主角，不过你不要伤心，我们还有一个旁白者的角色，一定会适合你的。"

虽然老师的话亲切婉转，但还是刺痛了她的心，尤其是看到另一个女孩儿在台上表演的时候，她更难过了。

放学回家的路上，她在路旁的花圃中看到一株蒲公英，随风摇曳。于是她停下脚步，细细观察，她想："为什么我不能做一株蒲公英呢？"蒲公英虽然没有玫瑰的艳丽、牡丹的高贵，但却有自己独特的美。

她很喜欢蒲公英，在她心里蒲公英与其他娇艳的花儿一样美丽！

看着蒲公英，她感到所有的不快都烟消云散了：不是每个人都能当女主角，但当不了女主角并不是件伤心的事，我一定可以成为一个出色的旁白者。

接下来的几天，她不断地激励自己：旁白十分重要，我一定能行！

演出那天，她成功地完成了表演，受到了大家一致好评。大家都说，旁白真是太出色了。她赢得了大家的掌声，也遇见了更好的自己。

04

做更好的自己，强调的是自己和自己比，昨天的自己和今天的自己比，今天的自己与明天的自己比，从而不断超越自我。

作家张德芬在《遇见未知的自己》一书中写道：

> 亲爱的，外面没有别人，所有的外在事物都是你内在投射出来的结果。

放弃成为更好的自己，放弃追求最想过的人生，放弃不断成长和进步，当你这么做的时候，你不是被别人抛弃，而是被自己抛弃。反过来，当你相信自己，不停地激励自己时，你会信心倍增，元气满满。打败昨天的自己，最终会遇见更好的自己。

打败昨天的自己，遇见更好的自己。

即使没有命运的眷顾，也别伤害自己

有位哲人曾说，你的心态就是你真正的主人。生命只有一次，要么你驾驭生命，要么生命驾驭你。你的心态决定谁是坐骑，谁是骑师。

生活中，我们不能控制自己的遭遇，却可以控制自己的心态；我们不能改变别人，却可以改变自己。如果只是一味地抱怨、生气，那你注定是个弱者。

01

电视剧《奋斗》里有一个性格内向的大男孩儿，名字叫高强。

高强生于老北京一个平凡家庭，家境不是很优越。从小学到高中再到大学，他都不是同龄人中的佼佼者，成年以前他几乎没有遇到过艰难险阻和挫折。眼看着要大学毕业了，他憧憬着接下来将要面临的新的人生。

毕业典礼上，他因考试作弊，连毕业证都没拿到。他一路伤心地回到家，将没拿到学位证的事说出后，因炒股赔钱的老爸大声吼叫，说他没出息。父子激烈争吵，最后高强绝望地从阳台上跳了下去。

如果高强能坚强一些，结局就不会如此凄凉；如果高强多为父母考虑一下，他就不会做傻事。

在面对困难时，如果咬牙坚持一下，熬过这阵，未来也许会大放异彩，人生将不可估量。

年轻的你，如果得不到命运的垂怜，请相信自己，不要伤害自己。眼下的困境，等熬过去后回头再看，你会发现什么都不算。

02

在小说《离歌》里有一个非常优秀的男孩子，名字叫毛北，从小到大都是人们口中的“别人家的孩子”。然而在高考第一天，他因没带准考证受到影响，便没能参加接下来的考试。他很受打击，高考结束当晚，从阳台上跳了下去。

这让我想起我以前的一个同学，她从小到大都是班上的前三名，是老师眼中的好苗子，也是家长口中的“别人家的孩子”。

第一次见她时，我感觉她有一种拒人千里之外的感觉。那种盛气凌人的样子，让人很不舒服。和她熟悉之后，我发现她还是很有耐心的。若有题目不会，她会帮忙解释，直到弄懂为止。有一次我问她最怕什么，她说害怕失败，那是她的致命弱点。虽然从小到大她都活在别人的羡慕中，但知心朋友却很少，除了贴满整面墙的奖状外她似乎没有什么别的特长。

“我真活成了别人眼中的自己，却从没看清心目中的自己是什么样子。”她如此说。

高考后，听说她考了 588 分，离她心目中的大学只差 1 分。再后来，听说她吃了大量安眠药，住进了医院。

这次高考失利，下次重考就是了，人生还有机会。用作家余华的话说，这就是“不扛事儿”！他说现在年轻的孩子中，虽然有很多优秀者，但缺少能扛得了事儿的人！

考试没考好，事情没做好，这都是正常的，要以平常心去分析利弊，因为在很多时候，挺住意味着一切。

03

美国作家杰克·凯鲁亚克在《在路上》一书中写道：“我在那一刻意识到，我必须要控制某些事情产生的恶果，我不能因为一件事情的糟糕，就把我生活的全部都弄坏。”

凯鲁亚克年轻时，有一次在学校被老师狠狠地批评了一顿，所以心情糟糕透了，回到家就开始乱发脾气。

妈妈叫他吃饭，他把妈妈骂了一顿；爸爸给他送果汁，他冲爸爸发火；家里的小狗跑过去蹭他的腿，他却一脚将小狗从门口踢到了阳台上。结果小狗从阳台窗户掉下去摔死了，凯鲁亚克顿时哭得昏天黑地。

要知道，那只小狗是他养了三年的爱犬。

我们不能因为一点儿小事不如意就乱发脾气，更不能因为遭受了一点儿小挫折，就把生活搞得一团糟。

面对挫折时，不要打乱自己的生活，不要逃避责任，更不要有自杀这种极端的念头，这是内心不够强大的表现。人生之路何其漫长，生活中总会有一些不尽如人意的事。我们不能改变天气，但可以左右自己的心情；不能控制环境，但可以调整自己的心态。

人的一生总要经历大大小小无数的风浪，你不一定要跑得快，但一定要比别人更扛得住事儿。即使命运不垂怜你，你也要自己爱惜自己。

所有的坚强，都是痛苦过后的铠甲

愿你在被打击时，用你的坚强抵抗恶意；愿你在迷茫时，坚定你的意志，做一个内心强大的孩子，爱你所爱，行你所行。那些经历过的痛苦终会变成保护你的铠甲，让你更加坚强。

01

前段时间我在知乎上读到一个女孩儿的故事。她的故事深深地感动了我。她顽强的意志和强大的内心为大家树立了榜样。

她叫谢仁慈，是个95后的小姑娘。4岁时，谢仁慈在一场突如其来的车祸中失去了右腿，从此成了一名残障人士，靠假肢生活。假肢虽然能帮助她像正常人一样站立和行走，但在很长的一段时间里，假肢成为她心里最大的障碍。

谢仁慈直到现在仍记得童年时期那个恐怖的画面：她和朋友一起玩耍，谁知假肢突然被甩了出去，周围的小伙伴惊恐地四散开来。那天，她觉得自己像个怪物，开始讨厌假肢，讨厌不正常的自己。

后来，妈妈知道了，告诉她："不要哭，也不要寻求别人怜悯，改变自己的心态，慢慢尝试着接受它，做真实的自己，别埋怨他人。”

妈妈的话让她明白生活是自己的，不必在意别人的眼光，活出真正的自己，才不会辜负余生。之后，谢仁慈开始接纳自己的不完美。

当很多残障人士因为自卑而掩盖身体缺陷时，她却义无反顾地撕掉自己假肢的外包装，挽起长裤，将假肢暴露出来。不仅如此，她还去健身、逛街、旅行，过着年轻人该过的生活。

现在的她拥有自信的微笑，她感觉假肢比正常人的身体还要完美。当你遇到变故、挫折时，勇敢一点儿，坚强一点儿，挺过去之后，你会发现自己全身都散发着迷人的魅力。

02

很久之前我看过一部韩国电影《婚纱》，讲述的是患癌妈妈与女儿之间的故事。电影感人至深，我哭得稀里哗啦，再没勇气看第二遍。

电影的女主人公是一个婚纱设计师，她的丈夫已经去世，30 多岁的她独自带着八九岁的女儿生活。后来她患上绝症，想在最后时刻陪伴女儿，便隐瞒病情。

谁知女儿得知妈妈的病情后，仿佛一夜之间长大了，她发誓要用自己的力量让妈妈在最后的时光里过得幸福、快乐。

她在妈妈面前强忍着泪水，不让妈妈发觉她已经知道妈妈生病的事实。她自己梳头发，别发卡，然后出门上课。

她用瘦弱的小身躯撑起西装，和妈妈共舞，努力完成妈妈的梦想。

电影最后，母女俩相互依偎着。

第二天一早，小女孩儿假装妈妈还在世的样子，喃喃地说着话，还不让医生进去检查，不愿让医生宣判妈妈的死讯。

最后镜头中出现黄色的雨伞。下雨了，她会自己带伞。

她长大了。

没有谁愿意一夜长大，要相信，你经历过的痛苦会变成坚强的铠甲，抵御伤害。

人生之旅中，那些痛苦的记忆会让你逐渐变得坚强，那些生活的折磨，都在使你体内的防御系统升级。痛苦、折磨只是暂时的，只要坚强面对，总会挺过去。

03

当你感叹舞台上跳舞的人气质好时，应该想到，她们是用生命在演绎。

我的朋友圈里有一个特别爱跳舞的姑娘，她的每一支舞都像极了她的生命，特别带劲。但她学舞的经历，充满了艰辛和痛苦。

那时她二十几岁，骨骼早已定型，尤其是身体的柔软度和灵活度大不如前。这是一个极大的挑战，舞蹈老师一度让她放弃。

她的回应是：“不！”

为了学习舞蹈，她常常在舞蹈房一练就是一天，练到满头大汗，练到双腿抽筋，练到全身疼痛，却从未想过放弃，因为她坚信：痛苦、挫折、汗水总会过去，只要坚强，它们会让自己变得更强、更美。

经过日复一日的练习，她终于成为一位舞者，成了朋友圈里被大家赞誉、羡慕的姑娘。今日的成就，源于昨日的痛苦，那种辛酸只有经历过的人才懂。如果当时她放弃了，就不会有今天潇洒的舞姿。

那些痛苦的经历，别人怎么会懂？没有亲身经历过，就不能轻易评价，除了我们自己。所有的痛苦都变成了坚强的铠甲，只因你没放弃。

每当你完成一件困难的事，你的能力就会变强一点儿。挫折、痛苦过后，是甜，是坚强，是无法穿透的铠甲。

04

电影《迷雾》里的女主角曾说过一句话：

> 我遇到过无法前进也无法后退的情况，我从来没有逃避过，绝对正面突破，要么我破碎，要么你破碎，而每一次我都没有输过。

每个人都会经历痛苦，它推着你向前，推着你丢掉可笑的自尊。你会看到它撕下你的皮肤，血肉模糊的阵痛会让你忘掉成长的经历。之后伤口结痂，痂掉了，伤口愈合，摸起来没感觉，不痛不痒，你便再也不害怕受伤。

坚强是曾经软弱后的蜕变，当你敢于从襁褓里爬出来，敢于把自己光洁的皮肤暴露在太阳底下，就算满身是伤，内心却无比坚强。

那些经历的痛苦、泪水都会幻化成牢固的铠甲，让你不再害怕挫折。成长中虽然失去了天真，却收获了成熟。

面对复杂的世界，你要变强大

有人说，我们生活的世界就像一面镜子，有好人就会有坏人，有善良就会有邪恶，有美好就会有黑暗。

面对这一切，只有当我们内心足够强大时，才能包容那些在生活中出现的困境、痛苦、失败及潜伏在身边的黑暗。

01

曾有一段时间，关于性侵的事件在网上炒得沸沸扬扬，性侵话题一度位列热搜榜第一。某杂志还曾做过一次匿名的有关遭遇性侵的调查，竟然收回1700多份问卷。

我们总觉得危险离我们很远，却不承想它就在身边，或许就在下一秒。

记得上学时，我的同桌是一个性格内向的姑娘。她家距离学校较远，每次周末都要坐公交车。有一次，在回校的公交车上她遇到了一个“咸猪手”，可她却不敢声张，只是一个人默默地走开。回到学校时，她很尴尬地把这件事告诉了我。当时我非常气愤地质问她：“为什么要放走那个人？为什么不反抗？”可她觉得这件事不太光彩，没必要过多争执，万一报警再引来报复，那样很不划算。之后，每一次坐公交车，她都非常警惕，小心翼翼。

社会上有一些人，会专挑弱势群体，尤其是女孩儿下手。如果你被欺负后只是默默忍受，那么对方会觉得你很好欺负，反而更加放肆。只有反抗，懂得保护自己，别人才会有所畏惧。

看过网上那些调查问卷后，我明白了同桌不反抗的理由。生活中有太多性骚扰、性侵害事件，很多女孩儿在被骚扰、被侵害之后都会选择息事宁人，不再计较。还有些女孩儿认为，只要自己以后多加小心、提高警惕就可以了，不必报警。面对性骚扰和性侵害，我们不能退缩，要勇敢地站出来进行反抗。

02

“搭车旅行”一度很火爆，网上有很多搭车攻略。在网上一搜，随处可见各种搭车奇遇、浪漫邂逅的消息，如“大学生孤身搭车游西藏”“单身女孩儿搭车旅行一百天”等。这些所谓的搭车旅行，让很多涉世不深的女孩儿逐渐失去了对陌生人应有的警惕。

对于将这些“奇思妙想”付诸实践的女孩儿，我表示很佩服，但她们是否想过其中的危险，如果出事了后悔都来不及。

不是所有的陌生人都是坏人，你的单纯只会把自己的安危放在陌生人手中。不要去羡慕发生在别人身上的浪漫搭车情节，更不要忽略浪漫背后隐藏的危险，无论何时何地都要保持警惕。

我们应该相信人间有爱，陌生人之间也能有善意的交往，然而对于自身的生命安全，我们却必须警惕。出门在外，必须时刻保证自己是安全的。所以，对于陌生人的热情搭讪，一定要学会谢绝。

也有人说，并不是每次搭车都会出现恶性事件，很多案件的发生是有概率的。正因如此，我们才更要时刻保持警惕。

03

黑暗的事情，并不会因为你的无视就消失。当危险真正发生，即使是十万分之一的概率，我们也要用强大的内心去承受，即使我们承受不起。

无论是世间的黑暗还是生活中的挫折，都不可避免地在发生着。人生不会一帆风顺，可以说我们正是在挫折中慢慢学会长大。

在面对挫折时，我们可以越挫越勇，也可以将它转化为前进的动力，用强大的内心去对待身边的事物。

学会拒绝，远离危险。

第七章

感谢“折磨”你的人

成功者往往都是在磨难中诞生的，

当你把折磨当成一种历练、一种激励、一种教训时，

你会发现自己突然间长大了。

蓦然回首，你会感谢那些在你生命中出现的“折磨”你的人。

只有经历过磨难，才能变得更好

伏尔泰说：“人生布满了荆棘，我们知道的唯一办法是从那些荆棘上面迅速踏过。”然而，这些荆棘又何尝不是对你的考验呢？

01

女儿告诉我，她们班新来的数学老师十分严厉，几乎每次提问都会问到她。别的同学回答不上来的时候，老师会很温和地说“坐下吧”。如果是她回答不上来，老师就会严厉批评她。

女儿的数学成绩不是很好。有一次，因为马虎，小数点点错了，老师叫她去办公室，狠狠批评了她。她很生气，也很委屈。

放学回到家，看她有气无力的样子，我觉得她一定在学校发生了什么事。于是等她写完作业、洗漱完，准备上床睡觉时，我坐在她床头问她：“女儿，今天发生什么事情了？”

女儿看着我，沉默了一会儿，跟我说：“妈妈，我们数学老师好像总是刁难我，无论课上课下，他总是处处针对我。”

我抚摸着女儿的头，告诉她：“女儿，你知道吗，其实老师不是你想的那样。”

我们每个人都会遇到一个这样的人：他总是与你过不去，处处为难你，不停地否定你、挑剔你。在他面前，你会感到很不自在，甚至很卑微，你可能会怨恨他。

可是，当你承受住他的折磨，你会发现，在他的苛责中，你不知不觉地得到了锻炼，从而变得更加优秀。如果不是因为他，你或许看不到自己身上的优点。长远来看，折磨你的人，恰恰成就了你。

面对“折磨”你的人，不要埋怨，不要气馁，所有的困难和挫折，都会化为一叶小舟，载着你驶向成长的彼岸。

人不能总停留在原地，每个人都有自己努力的方向。那些折磨你的人，不想看着你走弯路，不想让你吃太多的亏，所以才想尽办法去提醒你。

你应该感激他们，因为他们的“折磨”，可以让你快速进步。

02

当蝴蝶还是幼虫时，它必须经过层层蚕丝，从那个小口中出来。这个过程需要竭尽全力，也是我们常说的“化茧成蝶”。

女儿小的时候，特别喜欢养蚕。有一次，蚕宝宝要吐丝了，女儿觉得茧口太小，蚕宝宝缠在里面实在可怜，于是就找来剪刀在蚕茧上剪出了一个大口子，然后高兴地拿给我看，开心地对我说：“妈妈，快看，这样蚕宝宝就不用受苦啦！”

果真，我们看到幼蛾很容易就从蚕茧中爬了出来，但它们都丧失了飞翔的能力，拖着翅膀一点一点地爬行，最终死掉了。

看到这一幕，女儿哇哇地哭起来。我赶忙安慰她，边给她擦眼泪边说：“蚕茧上的那个小口子可以帮助幼蛾化成蝴蝶，它挣扎着出来的过程也就是蜕化成蝶的过程。”

你看，我们自作主张地在茧口上剪出大口子，蚕宝宝是舒服了，却没了重生的力量，翅膀无法展开，因此丧失了性命，没有成为美丽的蝴蝶。

女儿，其实我们与蝴蝶一样，也要经历痛苦“破茧”的过程，只有这样才能成为更好的自己。所以，当你遇到挫折时，把它看作蚕茧的出口，努力坚持，不退缩，爬出茧口，你会遇到不一样的自己。

03

女儿之前很不喜欢住校，在我们的努力劝说下，她终于想通去住校了。

一个星期不见，我还挺想她的，周五驱车接她回家。只见她无精打采地从校门口出来，好像受了多大委屈似的。

我问女儿：“怎么了？”

女儿生气地说：“又是我们数学老师，为什么他总是盯着我，故意跟我过不去呢？”

“发生什么事了？”我问。

女儿说：“在数学自习课上，我们前后桌同学窃窃私语。这也不是什么稀奇事，好多同学被他抓到，他最多说一句‘安静’。但这次，我被他抓住，却没那么简单。”

女儿撇撇嘴说：“老师罚我写一份检讨，还让我请您来学校。”

“女儿，老师对你的严厉不是在折磨你，而是一种偏爱。他对你抱有一种恨铁不成钢的心态，换个角度看，他对你是别样的喜欢。所以，请你不要恨他，反而要感谢他。等你长大了，你就会明白，正是因为他，你才在挫折中一点一点地成长、成熟起来。”我说。

女儿听后，虽似懂非懂，但脸色明朗了许多，她开心地说：“我们去肯德基吧，我都怀念那个味道了！”

没过几天，女儿的数学老师给我打了一通电话，告诉我，孩子好像一夜间长大了、懂事了，对待数学课也变得认真起来，对他的态度也转变了许多。我很高兴，看来跟女儿的谈话她都听进去了。

期中考试结束后，女儿拿着成绩单给我看，眉飞色舞地告诉我："妈妈，我数学成绩竟然考了一百分，其他同学看我的眼神都不一样了，这种感觉太好了。我忽然觉得，我们数学老师挺好的。"看着她那张充满自信的脸，我相信，她会感激数学老师一辈子。

在学习和生活中，我们常常会遇到这样或那样的折磨，如老师对你的批评，同学对你的不友好，爸爸妈妈对你的严厉等。这些并不是在折磨你，而是让你不断认识自己，完善自己。一次次的折磨，就像垫在你脚下的石子，是为了让你站得更高，看得更远！

04

法国思想家罗曼·罗兰说：

> 从远处看，人生的不幸与折磨还很有诗意呢！

人的一生很短暂，不要让自己留下遗憾，也不要给别人留下怨言。你要怀着一颗感恩的心，去感谢那些折磨过你的人。当有人折磨你时，你会浑身发热，充满力量。折磨，让你充满斗志，不得不努力，不得不奋斗，从而让你成长、进步。

我们知道，鸡蛋从外打破是食物，但从内打破却是生命。人也如此，从外打破是压力，从内打破才是成长。

如果你等着别人从外面帮你打破，那你注定只能成为别人的食物。自己突破自己，这才是一种重生。

如果你能笑对批评，批评就会成为笑脸

在人生旅途中，我们难免会遇到老师、父母或朋友的批评。如果你认为自己是对的，那么就没必要为了善意的批评而闷闷不乐；如果你认为自己错了，很简单，马上改正就好。

让批评成为一种鼓励，那是一种气度；以幽默回复批评，那是一种艺术；以微笑面对批评，那是一种境界。

01

有一位当老师的朋友和我诉苦：现在的孩子打不得、说不得，班上还总有几个内心特别脆弱的孩子。

听着她的诉苦，我不禁感慨：老师是人类灵魂的工程师，当真不易。

现在很多孩子受到批评就不高兴，自尊心非常强，受不了一点儿挫折。生活中、学业上，遇到困难就逃避，遇到失败就承受不了。

这种现象被称为“玻璃心”。拥有“玻璃心”的人，是指极易受打击，心理承受能力不强，过分脆弱的人。如今越来越多的孩子有着一颗易碎的“玻璃心”，被拒绝或批评后，便会产生挫败感，极易做出极端的事情。

拥有“玻璃心”的孩子，在学校还有老师与家长的包容，一旦走入社会，没有人会哄着你、让着你、宠着你。所以，孩子，你要学会笑对批评，让自己内心变得强大，这样才能经受住批评与挫折。

02

我曾经看过一则小故事。

耕柱子是墨子的门徒。有一天墨子给弟子们授课时，一只小鸟停在窗外的树上，欢快地鸣叫着。大家纷纷向外张望，耕柱子也随之瞅了一眼，事后墨子严厉地批评了他。

耕柱子觉得自己很委屈，便抱怨说：“别人也都犯了错，为什么我却被老师这样严厉地批评。”

墨子听完后问：“假如你要驾驭马和牛上太行山，你会选择鞭打马，还是鞭打牛？”耕柱子不假思索地回答：“我当然要鞭打马。”

墨子问：“为何？”耕柱子回答：“因为马跑得快，才值得鞭打，这种能力是牛不具备的。”墨子告诉他：“我批评你，正是因为你像马，而不像牛，因为你值得批评啊。”

当我把故事讲给女儿听时，她对我笑笑说：“原来老师批评我们，是因为在他的眼中被批评的同学是一匹值得鞭打的马，值得他批评呀！”

孩子，在学校里你难免会受到老师批评，那些批评并不是恶意的。老师对你越苛刻，说明对你的要求越严格，越是希望你能变得更加完美和优秀。这时你要学会笑对批评，因为一个优秀的人的成长过程，就是接受批评和自我完善的过程。

03

孩子，你在学校如果遭遇老师严厉的批评，并不是老师不公平或对你有偏见，而是因为你在老师心目中的位置不同，说明你是一个可造之材，值得批评教育。

有时老师对你的批评看起来是把问题放大了，甚至于让你觉得是小题大做，好像专门对你要求极为苛刻，那是因为在老师眼中，你已经具备了相当的素质和能力，但还需要进一步改进和完善，这样你才会臻于完美。

孩子，你的成长不仅需要赞美的阳光，还需要批评的雨露。老师的批评，是你成长的养分，它能让你保持清醒的头脑，从而在成长的路上走得更稳更远。面对批评，笑着迎接，是一种幸福。

老师的批评是你成长的雨露。

把挫折踩在脚下，在泥泞的路上前行

有人说，你越不把挫折当一回事，挫折越不能把你怎么样。人生之路并非笔直的，坎坷与挫折必不可少，重要的不是如何逃避，而是采取积极进取的态度去应对。

当你认为自己不幸时，有“置之死地而后生”的乐观心态，还是可以战胜不幸的。让我们在挫折与磨难中锤炼出坚强的意志，然后在泥泞的路上前行，把挫折踩在脚下，只有这样，你才会收获幸福。

01

电影《奇迹男孩》的主人公是一个天生脸部畸形的小男孩儿，由于这个疾病，他在出生后就遭受了常人不能忍受的痛苦。“我知道我不是一个普通的10岁小孩儿，因为我动过27次手术，这样我才能呼吸、看见东西，不靠助听器就能听见声音。”

男孩儿在10岁以前一直活在家人的呵护下，但他的父母知道，不能永远让他活在封闭的家庭中，于是决定把他送到一所正常的学校念书，让他独自面对社会中形形色色的人，体会成长道路上的艰辛。

男孩儿一走进学校，便成为全校师生瞩目的焦点，随之而来的是人们异样的眼光。后来，他不得不在全校师生的瞩目下，脱下最爱的宇航员头盔，把自己的伤疤暴露在大家的目光之下。

面对大家嫌弃、厌恶、诧异、怜悯的眼光，男孩儿始终一声不吭，只能偷偷儿地哭泣。在学校生活中，同学们孤立他，让他形单影只；议论他，让他无处安宁；丑化他，让他面目可憎。他开始讨厌学校，讨厌老师和同学。他也怨恨父母把他送到学校里上学，让他陷入窘境。

后来，在父母的悉心引导下，男孩儿逐渐走出窘境，开始勇敢地去接触外面的世界，结交志趣相投的朋友，展示自己的特长。经过努力，对于别人异样的目光，他不再感到难过，反而能很平静地接受。

我们都是凡人，无法选择命运，更无法预测灾祸何时降临，但无论挫折从何处开始，我们都应该像那个男孩儿一样勇敢而自信地去面对。

02

前段时间，我和女儿又看了一遍《奇迹男孩》，女儿说：“为什么叫‘奇迹’呢？为什么不叫勇敢、坚强、倔强呢？”

我想了一下，看着她说：“可能是因为男孩儿凭顽强的毅力克服了人生中最大的困难，最后奇迹般生还了吧。”

我对女儿说：“孩子，你现在最大的困难可能是学习不认真而被老师批评，可能是输了比赛不甘心，可能是得不到心爱的玩偶，可能是某道数学题目没答出来。可你看电影中的小男孩儿，他的困难比你的大得多。因为疾病，他被看作异类，不知忍受了多大的痛苦才得到别人的认可和理解，他更需要自信。你看，他做到了，他在人前毫不掩饰自己的缺陷，这就是奇迹。”

小男孩儿从“异类”回到“凡人”，内心不知经受了多大考验，但他却像一个普通孩子一样，热爱科学，梦想当宇航员，喜欢探索。他身上散发的善良、意志力都值得我们学习。

我们要像那个小男孩儿一样，渐渐忘记遮掩的头盔，不再观察别人的鞋子，你会发现其实自己也很可爱、很勇敢，自己也可以像超人一样非常强大。

奇迹之所以被称为奇迹，就是因为人生虽有缺陷，但你有权利、有能力过好自己的一生。来自别人的善意，不应是乞讨的结果，要学会放下自卑，收获自信。放下那颗敏感、脆弱的心，平静地看待自己，看待生命，看待挫折，你才能赢得别人的尊重。

> 人生是黑夜中的一段苦旅，能走出自我困境的凡人，必然会成为旅途中耀眼的星星。你把挫折踩在脚下，带着自信坚定向前，即使路上荆棘遍布，也能闯出属于自己的天地。

03

小时候我们都读过《丑小鸭》的故事。丑小鸭因为长相与众不同而受到歧视冷落，但这些遭遇并没有打败它，它反而逐渐有了自我意识，逐渐开导自己。这些挫折让它收获了自信，它对美好的未来仍充满向往。

很多时候，我们会感到困惑、无助，脚下满是泥泞，头顶没有一丝光亮，生活看不到一丝希望。但我们心底仍有些许期待，于是鼓励自己，一步步努力走下去。因为天亮之前是黑夜，走过黑夜便是黎明。

每个人都一样，都想从挫折里走出来，拼出一个金灿灿的未来。虽然我们有着不一样的经历，但我们都有一颗勇敢的心。

面对困难，你要拼尽全力，努力付出。你来过，你战斗过，你便无悔！

风不能把阳光打败，就像挫折无法摧毁你

当你认为最困难的时候，其实就是最接近成功的时候。

快要被挫折打败时，请咬牙坚持，用积极乐观的心态去对待。因为挫折是你成长的一部分，也是生活的一部分。

要相信，风不能把阳光打败，就像挫折无法摧毁你一样。

01

前几天看到好朋友小贞朋友圈中的一句话：“我居然被孩子狠狠地教育了一次。”

能发出这样的感悟，想必经历了一番风雨。这时朋友们的评论炸开了锅，有的表示同情，有的表示感同身受，还有的幸灾乐祸。

我跟小贞私聊，问她怎么了，受什么刺激了。

小贞苦笑，说没什么，就是被老二气的。她家老大 14 岁，老二 8 岁，或许是因为老二比老大小太多，集全家人的宠爱于一身，被惯出了很多坏毛病，学习上、生活中怕苦怕累，遇到问题就逃避，嘴上总说“啊，为什么不让哥哥去做……我不想做……我不会！”学习上哥哥不能帮忙时，他就会抱怨：“为什么要学习……作业太难了……烦死了！”有时耍起小脾气来，索性就不

做了。

小贞当初养育老大时，也没觉得孩子这么难缠。她担心老二从小就怕困难，长大了可怎么办。于是她就耐着性子跟孩子说：“这个不难，你肯定行……你看哥哥作业都做完了，妈妈相信你也可以的，加油！”好话都说遍了，但孩子还是老样子。

要是实在没办法了，小贞就吼：“你这么怕苦怕累，真不知道随谁？”

之前老二还不说啥，可最近几天每当小贞这样吼，孩子都会大声喊：“我随你，就是随你！”小贞很生气：“这方面你怎么就随我了？”

这下老二有了话语权，开始不断地吐槽：妈妈总想着减肥，却管不住嘴，跟小孩子抢零食，体重只增不减，还会说“减肥好难”；妈妈总说晚上看书，辅导我们学习，可每次都坐在沙发上看手机……

小贞这才醒悟，原来孩子是跟自己学的。面对困难时，如果我们能坚强勇敢，孩子也会坚强勇敢；如果我们做得很差劲，孩子也会模仿我们。生活中，我们对待困难的方式，孩子都看在眼里，记在心里，但这种所谓的“言传身教”似乎有些偏离我们的本意。

02

小贞的话让我感触颇深，生活本来就是困难和问题交织在一起的，不管大人还是孩子都需要勇敢地去面对。如果孩子不能从小正视困难，那么以后的生活与学习必定痛苦不堪。

现在想想，当初我坚持让女儿学习跆拳道是对的，不仅可以锻炼身体、保护自己，还能增强意志力。

女儿在跆拳道课上练习徒手击穿木板时，一开始气势很足，但只要触及木板，手就不自觉地退缩。

教练告诉她："当你感觉到疼的时候，就紧握拳头拼尽全力克服。不然，这会成为你做任何事情的障碍。"

最后，女儿又尝试了几次，她用尽全力，将木板穿透，然而手的疼痛让眼泪不自觉地掉了下来。

这时教练走过来，蹲在女儿身边，告诉她："痛就哭，没什么大不了的。徒手击穿木板的确很难，但你做到了。生活中很多事情看起来都很难，但你要勇敢面对，将它们打败。"

孩子，生活不是一帆风顺的，学习亦如此。只要你克服一切，付出汗水，就会迎来阳光。

面对困难时，你要全力以赴。刚开始，或许你无法突破过去的习惯，那就迎难而上，逐渐克服困难。

回过头来看看女儿，我忍不住微微一笑。她身上并没有怕苦怕累的坏习惯，学习上她总是很自觉，遇到困难就独立思考，实在解决不了就问我、问老师，生活中也是这样。她很会找方法，朋友间闹别扭了，她总是能帮她们和好，还经常组织同学一块儿玩游戏、做活动，大家都很喜欢她。

看着她这么积极向上、独立自主，我很是欣慰。

03

现在的教育中，除了讲情商、智商，还需要讲逆商，也就是我们常说的承受挫折的能力。这种能力不仅能使孩子保护自己免受伤害，还能以勇气和智慧去探索未知的世界。

《最强大脑》节目中有一期是意大利男孩儿安德烈·拉托雷对战中国男孩儿李云龙。比赛规则是：挑战者记下 51 对新人的随机站队顺序，并用人偶模型把排位展示出来。

其中有一幕，李云龙误以为自己摆放错了，在现场失声痛哭，嘴里还念叨着：“我记对了，但是我摆错了！”突如其来的挫败感让李云龙整个人都崩溃了。

坐在旁边的安德烈·拉托雷看到后，忍不住也落泪了。主持人问他为什么哭，他说：“我刚才很担心他，因为他看起来非常难过。”

公布成绩时，情节反转：李云龙赢了，他立马破涕为笑；而安德烈·拉托雷并没有因为失败而悲痛，反而大方地拥抱李云龙，还为他喝彩。

生活中有很多孩子，面对一点儿挫折、失败就崩溃，甚至发脾气。有时还会因为挫折影响自己的生活，自暴自弃，这就是逆商低的表现。

不经历一番风雨，怎能见彩虹？生活中，我们总是在面对一个又一个的难题，逃避没有用，只能勇敢面对。遇到挫折，可怕的不是挫折本身，而是面对挫折时的心态，心态失衡，整个人就跟着崩溃了。然而，当你坦然面对、勇往直前时，你会发现，风不能把阳光打败，就像挫折无法摧毁你一样！

青蓝图书
QINGLAN TUSHU